太陽の脅威と
人類の未来

柴田一成

角川新書

新書版刊行によせて

この数年、宇宙と私たちとの接近を感じさせるニュースが相次いでいます。

2020年には、アメリカのスペースX社が民間企業として初めて有人宇宙飛行を成功させましたし、21年には前澤友作さんが日本の民間人として初めて国際宇宙ステーションに滞在する宇宙旅行をしました。

別の観点で宇宙の身近さを感じさせる現象もありました。24年5月のことです。太陽の大フレア（太陽面爆発）の連続発生が約10年ぶりに起き、カナダやアメリカ北部はもとより、日本各地でもオーロラが見えたというニュースは皆さんもお聞きになったことでしょう。テレビや新聞でも取り上げられていましたし、私も何件も取材を受けました。

太陽の爆発の威力を表す指標があるのですが（42ページ参照）、Xクラスという1年に10回程度起きるクラスの大きな爆発が、このときはわずか1週間のうちに11回も起きました。私は長く太陽の研究を行ってきましたが、今回の太陽活動の活発さには驚かされました。

爆発は黒点が起こすのですが、今回は黒点３６６４と名付けられた黒点によるものでした。

太陽は27日周期で自転していますので、ある黒点が地球の側を向くのは左端から右端まで約2週間です。地球の側を向いている黒点でフレアが起きたため、磁気嵐が地球を襲い、オーロラが見えたというわけです。ほとんどの黒点はずっと活発なわけではなく、通常2〜3週間、長くても1か月くらいで静かになります。

太陽の活動が私たちに影響を及ぼしているといっても多くの方はピンとこないでしょう。その頻度も10年や20年に一度なので警戒心も低いと思います。オーロラが見えるからむしろいいじゃないかという方もいるかもしれません。

しかし太陽活動は、実は私たちに多大な影響を及ぼします。人間が行う活動に影響が出るものとしては次のようなものがあります。

・人工衛星が制御不能になる
・船や航空機の位置情報に誤差や途絶が生じ、航行システムが阻害される
・電気製品が破損
・停電

・宇宙飛行士や、航空機の乗員乗客は高レベルの放射線にさらされる
・低緯度でもオーロラが見える

24年5月の大フレアでは大きな被害は聞こえませんでしたが、過去には様々な被害が報告されています。

00年7月には日本のX線天文衛星「あすか」が太陽フレアの影響を受け、電源を喪失し、最終的には落下に至りました。原因は、大磁気嵐により地球の超高層大気が異常に加熱されて急激に膨張したことで、「あすか」にトルク（ねじりの力）がかかって姿勢が傾き、太陽電池パネルが太陽の方を向かなくなったためです。同じ理由で衛星にかかるブレーキが大きくなって、予定より早く軌道高度が低下しました。「あすか」は１９９３年に鹿児島県の内之浦から打ち上げられ、有用なデータを送り続けていましたが、最終的には大気圏に突入し、海域上で消滅したのでした。

最近でも、22年2月4日、スペースX社のスターリンク衛星49基のうち40基が太陽嵐のため失われました。このときはそれほど大きな磁気嵐ではなかったのですが。

さらにいえば、脅すつもりはないのですが、皆さん一人一人の体にも影響があるかもし

れません。京都大学医学部附属病院の特定准教授である西村勉（にしむらつとむ）さんの研究によれば、自殺率と磁気嵐の関連性では有意に増加傾向が確認されました。うつ症状が悪化するという報告もあります。メラトニンというホルモンの分泌が異常になるのがその理由です。磁気嵐が強まると血圧が上昇することについても、多くの論文が出ています。

心疾患が起きる可能性も高いという報告もありますから、特に高齢者は出歩かず、できるだけ人といたほうがいいと発信するようにしています。

本書は2016年に刊行した単行本『とんでもなくおもしろい宇宙』の新書化になります。12年に私たちは太陽型の星でスーパーフレアが起きていることを発表しましたが、最初は世界中で疑問視されていました。しかし海外で後追い研究されることで確認・評価され、次第に流行分野となっていった8年間でもありました。それとともに、太陽でもスーパーフレアが起きるかもしれない、起きたら地球は大変な大災害となる（！）ということが実感として世界的に真剣に考えられるようにもなった年月でした。

わが日本ではスーパーフレア対策の議論が遅れており、ようやくこの数年で進み出したところです。多くの市民の方々、特に産業界や社会の指導者層に太陽の脅威の実感が届いていないというのが、今の私の最大の心配事です。そういった問題意識もあって、本書のタイトルに「太陽の脅威」という言葉を入れました。月や火星に人類が進出しようとしている現在、ますます太陽フレア対策（宇宙天気予報）の重要性が増しているといえます。月、火星を筆頭に太陽系の惑星・衛星の理解は人類の未来にとって必須です。タイトルの「人類の未来」にはそんな思いを込めました。これにはスーパーフレアだけでない大きな懸念も含んでいます。直近の最大の危機はもちろん世界的な全面核戦争です。果たして人類は今後、１００年、２００年と生きながらえることができるのでしょうか。極端な話をしているように思われるかもしれませんが、本書を読めば私の危機感を理解していただけると思います。

このような危機を乗り越えるには、オープンな社会における自由で闊達（かったつ）な議論が不可欠です。本書を読んだ若い世代が、人類の危機を真に理解し、力強く乗り越えていくことを願っています。

２０２４年６月

柴田一成

はじめに

夜、空を見上げると、そこにはたくさんの星が浮かんでいます。宇宙は静まり返り、星は毎日ほとんど変わらない位置に現れ、動いているようには見えません。おそらく人類は何千年も、何万年も前から夜になると星空を見上げていたことでしょう。宇宙は静けさに満ち、永遠不変だと考えられてきました。

ところが20世紀になり、宇宙が膨張しているということがわかり、かつ宇宙には始まり（ビッグバンという大爆発です）があることも明らかになったのです。

宇宙観は一変しました。それは単に天文学だけの話にとどまらず、人々の自然観、哲学観にも大きな影響を与えました。

宇宙そのものに始まりがあるということは、あらゆる天体にも始まりがあるということであり、始まりがあるということは終わりもあるということになります。天体も生物と同じように進化する、誕生があって死もあるのです。

さらに20世紀の後半になると、一つ一つの天体が単にゆっくりと進化するだけではなく、日常的にものすごく激しい爆発を起こしていることがわかってきました。ほとんどの天体は爆発を起こしながら生まれ、生きている間も爆発を起こし、進化の最後も爆発を起こしながら死んでいきます。

それどころか、私たち生命や地球のエネルギーの源である太陽も、よく調べたら爆発だらけであることが判明しました。さらに爆発の結果、大量の放射線が放出されていました。しかも放射線の放出は太陽だけではなく、ほかの天体の爆発でも同様に起きていることがわかったのです。宇宙空間は放射線でいっぱいなのです（宇宙線と呼ばれます）。

このように宇宙は、私たちが地上で思っているのとはまったく違うダイナミックな、また放射線に満ちた危険なところであるということがわかってきました。

そういう危険な場所である宇宙に、人類は進出しようとしています。それは決して生やさしくはないでしょう。ただ過剰に恐れる必要もありません。別の見方をすると、宇宙からの放射線は地上にも届いているのです。私たちはそこで生まれ、命をつないできました。もしかすると、そういうところだからこそ私たちが生まれたのかもしれません。

爆発に関しても、その爆発のおかげで生物は進化した可能性もあります。太陽でスーパーフレア（大爆発）が起きると大変なことになりますから起きてほしくはないですが、過去には恐らく起こった可能性があります。危機を乗り越えて生き延びてきたのが、私たちのご先祖さまなのです。

　そう考えると、私たちの遺伝子には危機を乗り越える知恵、力がつまっているのではと思えます。日本という国で考えれば、災害国家ではありますが、それを克服して今のような世界に誇れる文化をはぐくんできています。このように考えると、元気がわいてくるような気がしませんか。


　自己紹介が遅れましたが、私は京都大学の天文台（花山（かざん）天文台、飛騨（ひだ）天文台）の台長を2004〜19年まで務め、現在は花山天文台を後世に残すために活動しています。その一環で20年1月には世界的ロックバンド、クイーンのギタリストであり、天文学の博士でもあるブライアン・メイさんに来ていただきました。詳しい顚末（てんまつ）を本書に記します。

　私の専門は太陽宇宙プラズマ物理学で、主に太陽や天体における爆発現象を研究しています。太陽はとても身近な天体なので、いろいろなことがわかっていると思われるかもしれませんが、そんなことはありません。みなさんがよくご存じの黒点がなぜできるのかといったシンプルな問いでさえも、まだ確かな答えはわかっていないのです。

太陽の活動が地球にどのように作用しているかを解明するのは、「今そこにある危機」を回避するためにも非常に重要です。今そこにある危機とは、本書内で紹介しますが、たとえば太陽活動によって地球規模の停電が起きたり、大量の放射線が降り注ぐ可能性などです。

また太陽は宇宙ではありふれた恒星なので、太陽を研究することで恒星の性質がわかります。逆に多くの恒星を詳しく調べることにより、太陽の過去と未来も見えてきます。

近年は地球のような、恒星の周りを回る系外惑星も多数見つかってきました。すでに5000個を超えたとされています。中には地球と良く似た惑星、第二の地球も見つかり始めています。ここには生命はいるのでしょうか。いや、そもそも私たちの住む太陽系の他の惑星や衛星にだって、生命が潜んでいないとは限りません。地球外生命探査は、現代天文学や惑星科学の最重要課題の一つです。

実は、私が宇宙の研究を志した理由の一つに、「宇宙人に会いたい、どうしたら宇宙人に会えるのだろうか？」という子どものころの素朴な疑問があります。このような問題も今や天文学者の間で真剣に議論されるテーマになってきました。

本書では、夜空を眺めているときには想像もできない、宇宙のダイナミックな姿を紹介していきます。さらに最新惑星探査から宇宙人はいるのか、といった話題まで広げていきたいと思います。子どものころ、だれもが感じた宇宙へのロマンを再び思い出していただけたらうれしく思います。

それでは知られざる宇宙の姿を見る旅に出かけましょう。

目次

第二章　超巨大な衛星、月の不思議　69

第三章　太陽系の惑星と花山天文台の歴史　93

第一章
とんでもなく激しい太陽の素顔と星のスーパーフレア

母なる星の本当の姿

太陽という言葉を聞いたときにどんなイメージを持ちますか。暖かい光を届け、すべての生物のエネルギーの源である母なる星――という感じでしょうか。見た目もまんまるでつるんとしていて、色合いも黄色かったりオレンジだったり、夕日だと赤かったりと温かみを感じさせます。

19世紀まで、人類は太陽を白色光、つまり可視光線で観測するしかありませんでしたが、20世紀中ごろになると目に見えない光で観測できるようになります。すると、太陽は想像していた以上に動的な星であることがわかってきました。

図1‐1の左の写真は白色光、つまり可視光線で撮った太陽です。みなさんが思い描く姿とさほど違いはないでしょう。

ところが、X線望遠鏡で撮影された右の写真の太陽の像は大きく違っています。太陽表面のあちこちからループの形をした筋状構造が飛び出しているように見えます。実際動画を見ると突然ループが光ったり噴出を始めたりするのがわかります。

地獄の釜(かま)とやらはこんなものに違いない――ついそう思ってしまうほど激烈な光と熱の共演が表面で繰り広げられている、これが太陽の正体なのです。

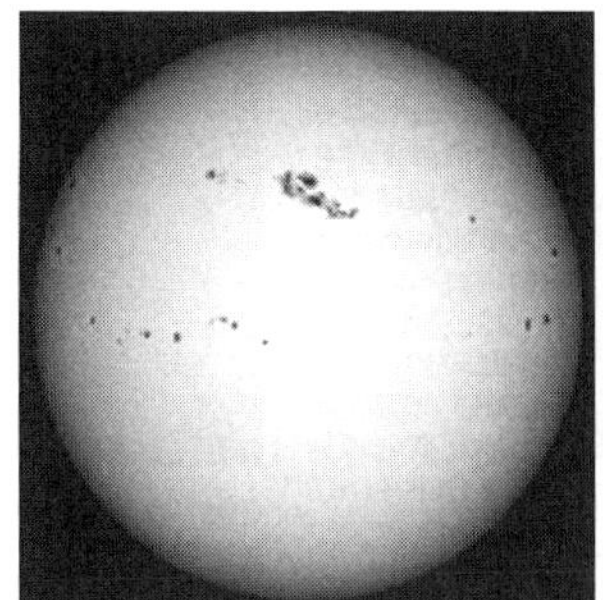

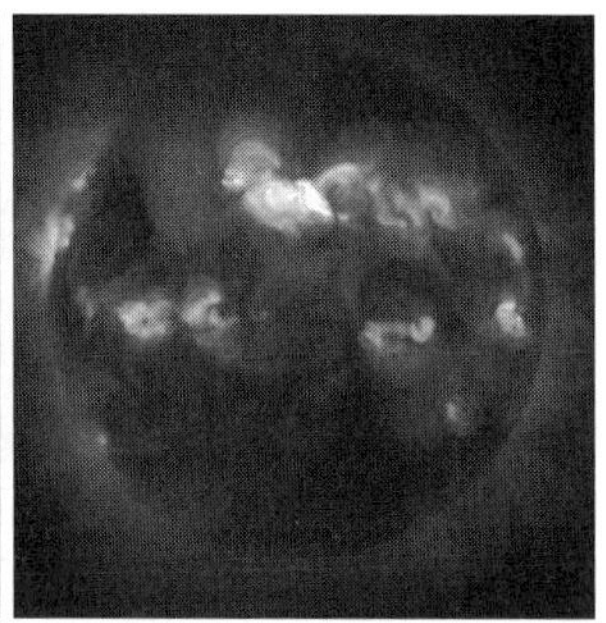

図1-1　白色光で撮った太陽の写真（左）と、「ようこう」衛星による軟X線の太陽の写真（右）。爆発は黒点があるところで起きているのがわかる。上が北、下が南、右が西、左が東（地球の東西南北と逆）。撮影日はどちらも2001年3月28日。提供（左）Big Bear Solar Observatory、（右）JAXA宇宙科学研究所

そのスケールといったら大変なものです。表面上で起こっている爆発一つの大きさは最大のもので、なんと地球の直径の10倍以上。エネルギーはというと、水素爆弾10万個分から1億個分にも上ります。文字通り、想像を絶する規模です。

日本の太陽観測衛星「ようこう」（1991打ち上げ〜2001）は、驚くべき映像の数々を撮影し、荒れ狂う太陽の姿を私たちに見せてくれました。あちらこちらで起こっている爆発は、単に熱と光を放つだけでなく、莫大（ばくだい）な量の放射線粒子を噴き出しています。プラズマの塊が宇宙空間を乱れ飛んでいる状態です。プラズマというのは、固体、液体、気体に次ぐ、物質の第四の状態で、気体が電子と陽イオンに電離した

状態をいいます。電離した気体は、通常の気体とは異なるふるまいをするので分類上、違う状態として扱われています。

それにしても、何がどうなればこれほどの激しい活動が可能になるのでしょうか。本書ではその仕組みにせまっていきますが、まずは太陽の基本的なプロフィールを見ていきましょう。

図1-2は、現在想像されている太陽の断面図です。中心から、コア、放射層、対流層、光球、彩層（さいそう）、そしてコロナと分かれています。

まず、中心部から見ていきましょう。などと気軽にいってみたものの、太陽の内部で何が起こっているのか、直接観察した人間はだれもいません。私たちが観測できるのは、「光球」と呼ばれる太陽の表面までです。

「中を調べるために火星探査機マーズ・パスファインダーのように、表面に着陸して調べる探査機を飛ばせばいいのでは」と思う方もいるかもしれません。しかし、光球の上は6000度もあるため、あらゆるものが溶けてしまいますし、光球にたどり着く前に100万度もあるコロナを通り抜けなくてはなりません。そのような熱に強い物体を作るのは、現代の科学ではとうてい不可能です。そもそも、太陽はプラズマ、つまり気体の塊です。降り立つこと自体が不可能でしょう。

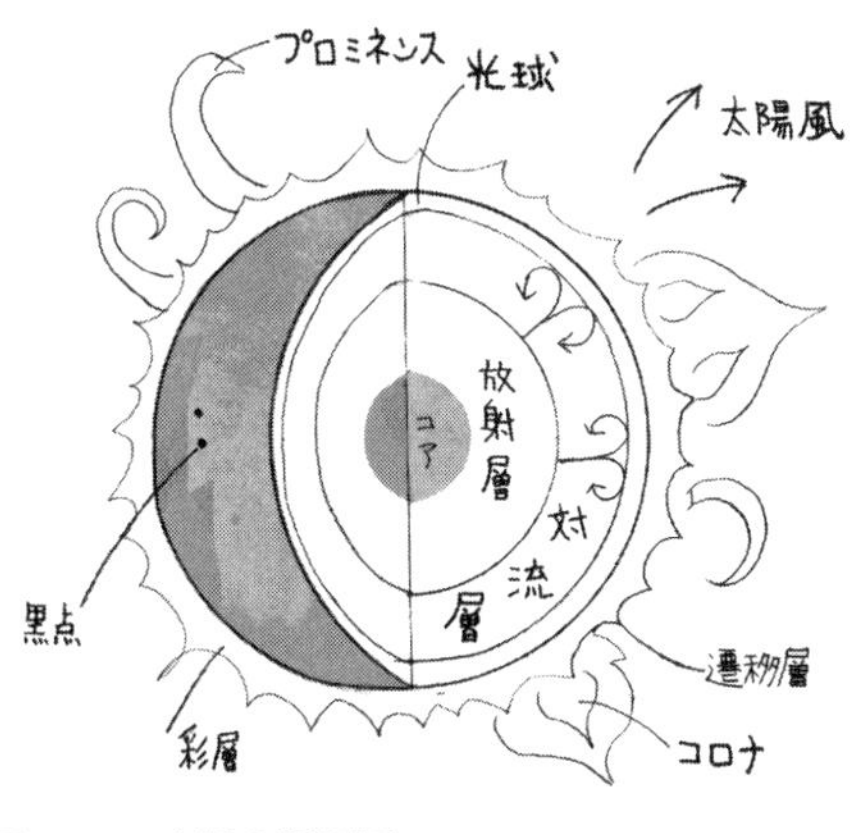

図1-2　太陽の断面図

とはいえ、これまでの観測結果から、内部でどういうことが起こっているのかについて、多くのことがわかってきています。

太陽が放つ膨大なエネルギーを生んでいるのは、中心部の「コア」で起こっている「核融合反応」です。

核反応のことはご存じの方もいるでしょう。原子核が、ほかの原子核や粒子との衝突によって別の種類の原子核に変わる反応のことで、主に核分裂と核融合の2種類が知られています。

太陽のコアで起こっている核融合反応とは軽い原子同士がくっついて、より重い原子になる反応のことで、太陽では水素の核融合反応が起きています。水素原子四つがくっつくことでヘリウムになります。

核融合の際、ニュートリノという素粒子が生まれます。ニュートリノは非常に質量の小さな粒子で、ほかの物質と力を及ぼし合うことが少ないのが特徴です。そのためニュートリノは物質とあまり相互作用を起こさずに地球まで到達しますから、このニュートリノを調べることで太陽の中心の情報が得られるのではないか、と注目されています。ニュートリノ天文学という分野です。

1987年、日本の小柴昌俊（こしばまさとし）博士たちが超新星から発生したニュートリノを岐阜県にある実験装置カミオカンデで発見し、ニュートリノ天文学が本格的に始まりました。この功績で小柴博士は2002年のノーベル物理学賞を受賞しました。

15年には、小柴博士の後継者である梶田隆章（かじたたかあき）博士がニュートリノ振動の発見によりノーベル物理学賞受賞といううれしいニュースがありました。

太陽は質量比で約73・8％が水素、残りのほとんどがヘリウムです。よって、太陽は核融合に必要な材料である水素を豊富に持っています。比較的簡単に起こる核分裂反応と違い、核融合反応を起こすには大変な高温が必要です。地上でも多くの科学や、技術者が核融合を試みていますが、必要な環境を整えるだけで一苦労であり、いまだ核融合炉は完成

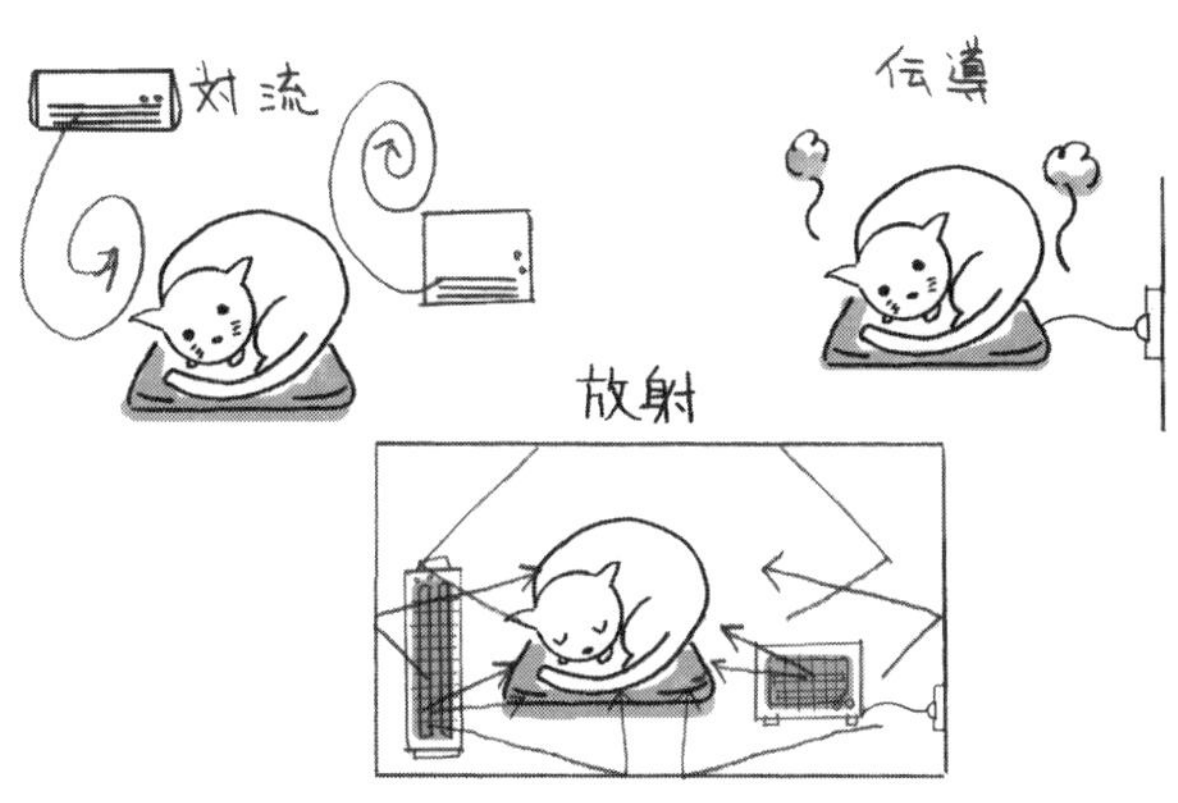

図１‐３　熱の伝わり方は三つある

していません。

　太陽の場合、中心の温度は１５８０万度にも達し、その上、自らの重さによる加圧で高い密度になっているので、核融合に最適な環境がおのずとでき上がっています。理想的な核融合炉が、宇宙空間にぽっかり浮かんでおり、その炉で生まれたエネルギーが、宇宙空間を横切って地球にまでやって来ているというわけです。

　エネルギー（つまり熱）には3種類の伝わり方があります（図１‐３）。熱の伝わり方など気にしたことはないかもしれませんが、小学校の理科で習った内容です。

伝導――熱源に近い温度の高いところから低いところに向けて順に熱が移動すること。

対流――温度差によって起こる流れがエネルギーを運ぶ。その流れのことを対流という。より高温の部分は軽くなって上部に上がり、上部にある温度の低い部分が下に移動することで起こる循環。
放射――エネルギーが電磁波（光）に変換されて伝わること。

伝導と対流はわかりやすいかと思います。

放射は、火を燃やしたときを思い浮かべてください。手をかざすと温かいです。火を触っているわけではないのに温かさを感じるのは、エネルギーをもった赤外線という電磁波が手に当たっているからです。さわって温かさを感じる伝わり方とは明らかに違います。

太陽でもこの三つの伝わり方は変わりません。コアから表面までの距離、つまり太陽半径の7割程度までは放射で熱が運ばれ、残り3割程度は対流で運ばれます。

先ほどの図1‐2を見てください。

コアの上に放射層、その上に対流層が乗り、さらに光球、彩層と続いていきます。

光球は、先ほども記したように私たちが普段見ている太陽の表面です。光球の厚みは約500㎞です。500㎞というと、だいたい東京から京都手前あたりまでの距離に匹敵し

図1-4　皆既日食のときに見られるコロナ。白く光っているところ。1991年7月11日メキシコ・ラパスにて（京都大学天文台観測隊撮影）

ます。皮だけでそんなにあるなんてずいぶん分厚いと思われるかもしれませんが、宇宙の規模では薄皮同然。太陽の半径は70万km超もあるのですから（ちなみに地球の半径は約6000kmで太陽半径の100分の1ほどです）。

光球より上層には彩層と呼ばれる部分があります。ここは数千～1万度もあります。つまり、表面より温度が高くなっているわけです。中心から離れた方が高温とはどういうことでしょうか。

さらに上層にはコロナがあります。皆既日食の際、真っ黒になった太陽の周りにぼんやりと浮かび上がってくる靄(もや)のような白い光がコロナです（図1-4）。ここは100万度もの超高温状態にあることがわかっています。つまり表面や彩層より、さらに高温になっているのです。一体なぜなのでしょうか。

驚くほど大規模な太陽の活動

改めて、太陽内部のエネルギーの流れを見てみましょう。

コアで核融合により発生したエネルギーは電磁波に変換されて太陽中心部からだいたい50万㎞あたりにある対流層の下部まで運ばれ（放射）、そこからはプラズマ（電離した気体）に乗って光球下部あたりまで運ばれます。

コアでは1580万度でしたが、表面にたどり着くまでの間に6000度へと下がり続けます。しかし、彩層で1万度程度へと徐々に上昇し、遷移層という薄い層を介して、コロナに至ったところで突然100万度に急上昇します。また、黒点周辺の上空あたりのコロナはより一層熱くなることがわかっています（図1-5）。

熱は基本、熱い方から冷たい方へと移ります。カンカンに沸いたお湯を放置しておくとどんどん冷めていくのは、周囲の空気に熱を奪われるからです。水を入れたコップを放置

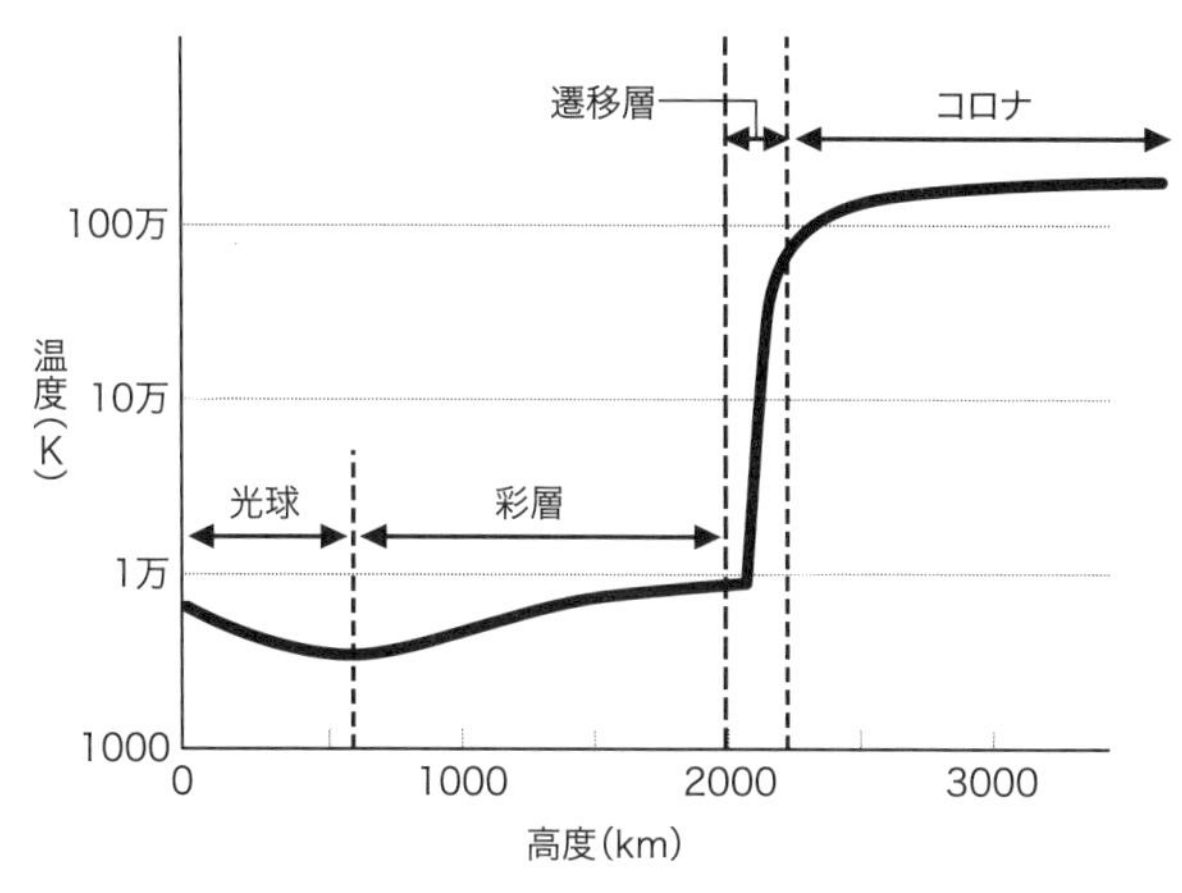

図1-5　太陽の各層における温度変化

しておいたら水が周囲の熱を奪って温度が上がったなどということは決してありません。

事実、太陽を遠く離れるとエネルギーは宇宙空間に向かって放射され、地球の周辺では300度ぐらいまで下がります。熱源から離れるにしたがって温度が低くなるというのは当たり前のことです。

こうした性質は「熱力学の第二法則」と呼ばれていますが、この法則は宇宙空間であっても同じように働きます。熱源が太陽の中心である以上、中心から順に熱は下がっていくはずであって、なんらかの方法で加熱しない限り、熱源に遠い部分が近い部分より温度が高いなどということはありえません。まして、一気に160倍以上になるには、何らかの特

図１‐６　宮本正太郎博士

別な仕組みが働いていないとおかしいのです。これは現代天文学上の大難問の一つです。

どうやればそれほど一気に加熱できるのか。その物理的過程については、現在のところ二つの仮説がありますが、少々込み入った話になりますので、第四章で紹介したいと思います。

まずここでは太陽の表面が超々高温のプラズマによって取り巻かれていることを知っていただければと思います。

ちなみに、コロナがこのような超高温状態にあることは、今から80年ほど前に知られるようになった比較的新しい知識です。世界で初めてその温度を正確に算出したのは、京都大学で教鞭をとっていた天文学者の宮本正太郎博士でした（図１‐６）。一般の教科書には、ヨーロッパのグロトリアンとエドレンが紹介されていることも多いのですが、実は彼らはコロナが10万度以上であることを見つけたのであり、１００万度か10万度かはわかりませんでした。宮本博士は、私が以前台長を務めていた京都大学花山天文台の第三代台長でもあります。偉大な先輩です。

ここでおもしろい写真をお見せしましょう。

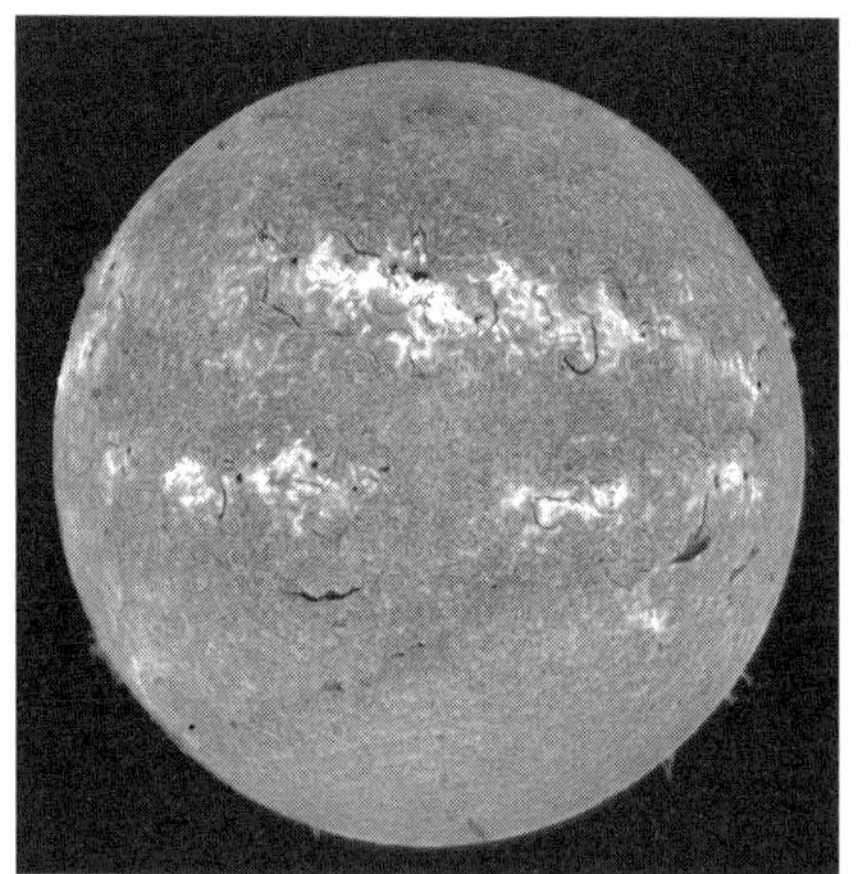

図1-7　Hα線で見た太陽。彩層の様子が観測できる。黒い筋模様がフィラメント、明るい（白い）ところは強い爆発が起きているところでプラージュという。2001年3月28日。提供　Big Bear Solar Observatory

図1-7はHα（エイチアルファ）線という、水素原子に特有の赤い光だけを通すフィルターを使って撮影した太陽の姿です。このフィルターを使うと、普段私たちが見ている光球ではなく、その上の層である彩層がよく見えるようになります。

この写真を見ると、表面はつるんとして同じ色なのではなく、小さな凹凸のムラがあります。ところどころ白い点や黒い筋のようなものが見えます。

白い点は、黒点の周辺に多く発生しているのがわかるでしょうか。これはプラージュと呼ばれており、ほかの場所より強い磁力を発しています。突然「磁力」という言葉が出てきて驚かれたかもしれませんが、太陽活動を解明するうえで磁力はキーワードになります。

一方、黒い筋はダーク・フィラメント（もしくはフィラメント）といいます。フィラメントとは太陽の周縁に磁力で浮かんでいる冷たいプラズマの雲で、実はプロミネンスを真上から見たときにこう呼びます。名前が違うのでまったく別のものかと思われるかもしれませんが、本質的に同じです。上から見るとフィラメント、横から見るとプロミネンスと呼ぶわけです。

プロミネンスはもともと、皆既日食の際に太陽のふち近くに赤く雲のように浮かんでいる現象として発見されました。おそらく人類は数千年以上も前から知っていたと思います。その後、Hαフィルターが発明されて、太陽の彩層面が観測できるようになるとフィラメントが見つかりました。当初はフィラメントとプロミネンスが同じものであるかどうかがわからなかったので、長い間別々の名前で呼ばれていました。それで今も別々の名前で呼ばれています。

色が違って見えるのは、見たときの背景の違いによるもので、暗い宇宙をバックにすると明るく光って見えますが（プロミネンス）、光り輝く太陽表面がバックである場合は暗く見えてしまいます（フィラメント）。つまり、色の違いは背景の明度の差によるものです。

さて、このフィラメント、つい先ほど「冷たいプラズマの雲」と説明しましたが、数千〜1万度もあります。ただ、浮かんでいる場所が100万度もあるコロナの中なので、対比で「冷たい」と称されているのです。

フィラメントは、一度発生すると数日から、長い場合は数か月にわたって観測できるため、観測しやすい現象ではあるのですが、2015年2月には、総延長が100万kmという観測史上最大級のフィラメントが発生しました。地球の直径が約1万2800kmですから、どれほど大変な規模であるか、おわかりいただけるのではないでしょうか。太陽では、地球上のものさしでは測れないような現象がいろいろと起きているのです。

ここで図1-1の右の写真をもう一度見てください。同じ日に撮影したものです。これは軟X線という、エネルギーの低いX線で見た太陽でした。Hα線で見た太陽と比べてみてください。激しい活動の様子が浮かび上がっていることに、私はいつも驚きを覚えます。

図1-1の右の写真で炎のループのように見えるものが、コロナです。ただし、正体は見た目のような「炎」ではなく、「プラズマ」です。このコロナもまた巨大で、太陽半径

の数倍の範囲で広がっています。

黒点の正体は?

さて、先ほどHα線で観測した太陽画像で、黒点の周辺が白く見えるという話をしましたが、白く見えるのはエネルギーが解放されている、つまり強い爆発が起きているということを示しています。

この黒点、現象としては比較的有名なのですが、その正体をご存じでしょうか。

「黒点はほかより温度が低い部分だ」という答えでは半分ぐらい正解です。低くなっているのはどうしてなのかを答えられるでしょうか。

私はこれまで、100回以上、一般の方に向けた講演をしてきましたが、正しい答えをいってくれた人は3人ほどでした。うち、1人はなんと小学生。私は驚いて「なぜ知っているの?」と聞き返したところ、「1週間前に博士の講演で聞きました」といわれて大笑いしたことがあります。

さて、そろそろ答えを申し上げましょう。

黒点の正体は一種の巨大な磁石です(図1-8)。

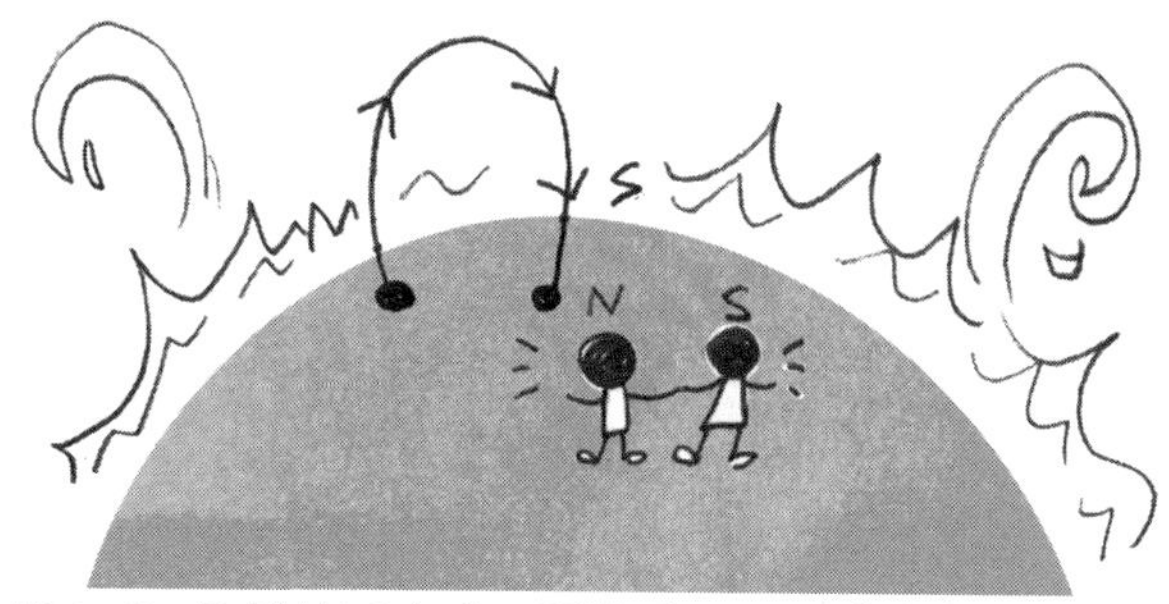

図１-８　黒点はいつもペアで現れる。このことから、太陽の内部で強い磁場が発生していると推測できる

黒点が強い磁場であるという事実は20世紀になってからわかったことで、アメリカの天文学者ジョージ・ヘールによって発見されました。それまでは、磁場が重要だとはまったく考えられていませんでした。

黒点は常にペアで現れます。これはそれぞれがS極とN極になっているためであり、黒点は両極の間を通る磁力線の出入口のようなものなのです。図１-９を見ていただくと、磁力線のチューブが太陽に突き刺さっているのがイメージできるでしょう。とはいえ、実際に穴が開いているわけではありません。磁力線の働きによってガスが希薄になっているのです。

色が黒く見えるのは、周囲よりも２０００度ほど温度が低いため、見かけ上そうなるだけであって、もし黒点部分だけを取り出して宇宙に浮かべたら、十分強

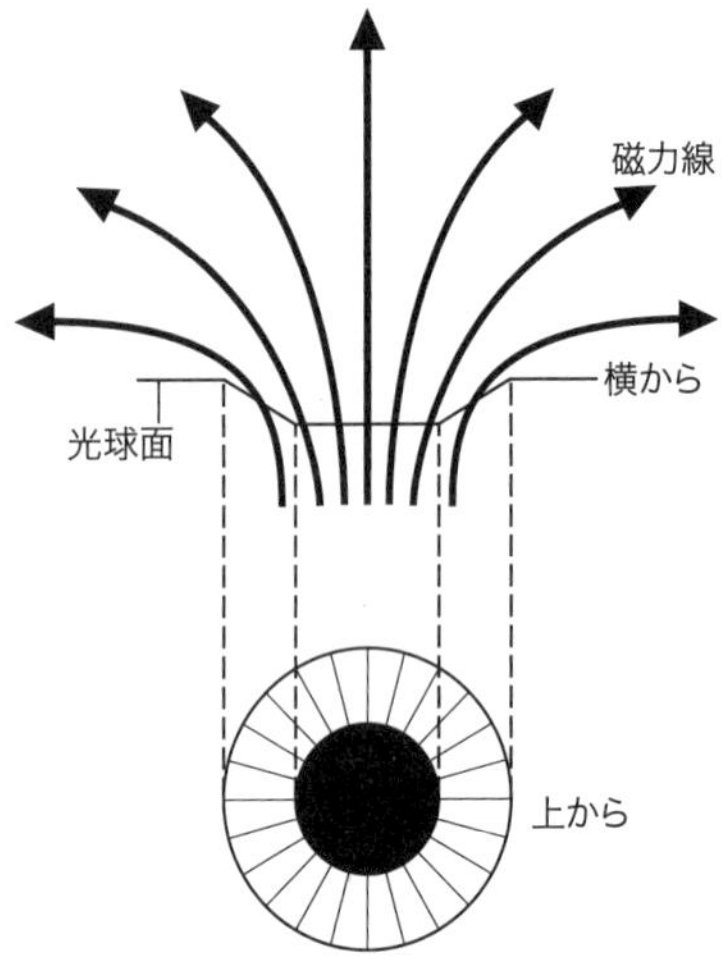

図１‐９　黒点の断面図はこんな感じ

い光を放つことでしょう。

　そして、ここで発生する磁力によって爆発が起き、結果として黒点周辺が白く見えるのです。

　磁力で爆発が起きるといっても、なかなか想像することは難しいかと思います。家にあるマグネットが爆発を起こした、などという話は聞いたことがありません。この爆発の仕組みについても、第四章で説明したいと思います。

　このように太陽表面でひんぱんに起こっている爆発のうち、最大級のものをフレア（日本語では太陽面爆発）といいます。さらに、これまでの太陽観測で知られている最大のフレアより10倍以上エネルギーの大きな超巨大爆発をスーパーフレアと呼んでいます。

　英語のflareは火炎や閃光（せんこう）を表す単語ですが、その意味の示す通り、一度爆発すると最

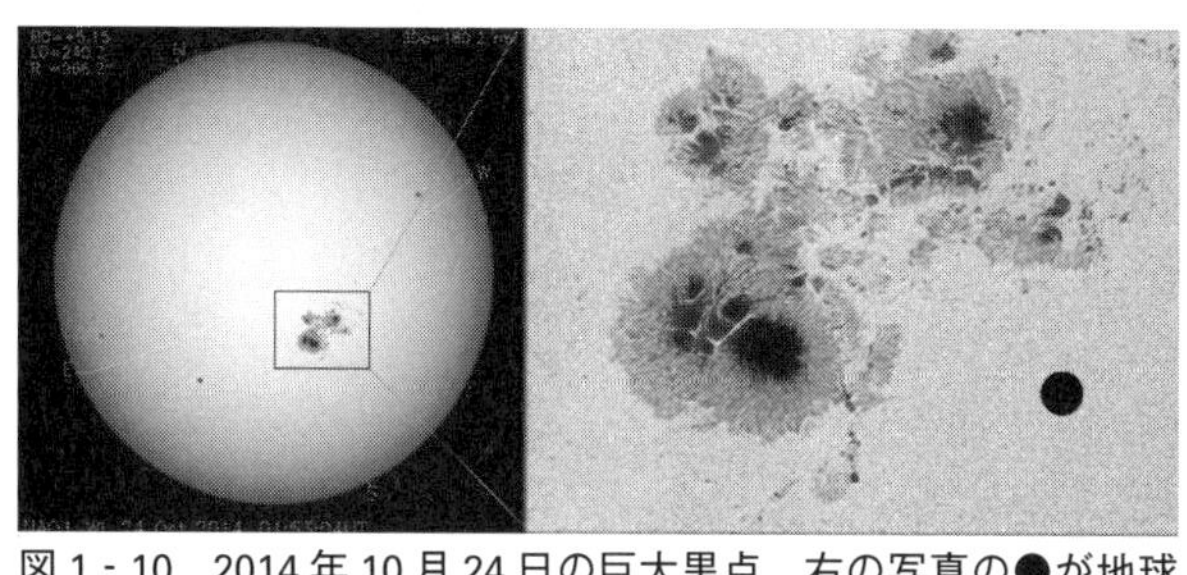

図1-10　2014年10月24日の巨大黒点。右の写真の●が地球の大きさ。提供（左）国立天文台　（右）飛騨天文台

高温度でなんと数千万度もの超高温ガスが生成され、あらゆる種類の電磁波をまきちらします。まさに太陽系最大の爆発現象です。たとえば２００１年に私たちは飛騨天文台で大フレアを観測しましたが、このとき解放されたエネルギーは水爆１０００万～１億個分、大きさは地球の直径の10倍というものでした。私たちの想像をはるかに超えるスケールではないでしょうか。

フレアの多くは黒点周辺で起こることから、黒点に蓄積された磁場のエネルギーの一部が、突発的に解放されて発生するのだろうというのは研究者の間でも意見は一致しています。とはいえ、どのようにすればそれほどのエネルギーが調達され、宇宙空間に放たれるのか、その全容が解明されているわけではありません。

ただし、９割くらいは解明されてきているので、それを第四章で説明したいと思います。

巨大な黒点は、普段の太陽上で起こる現象の中で、ほぼ唯一、望遠鏡などの助けを借りずに眺めることができる現象です。黒点一つの大きさはどれくらいだと思いますか。その大きさは想像をはるかに超えて、図1‐10のように、地球より大きいこともあります。

記録は古くからありますし、日という漢字の象形文字⊙の真ん中に点が書かれたのは、黒点を表現してのことだ、との説があります。また、17世紀にかのガリレオ・ガリレイが望遠鏡で観察したことも有名です。黒点が動く様子から太陽は自転していると推測し、金星の満ち欠けの様子などとともに、地動説の論拠としました。

条件さえ整えば肉眼で観察することも可能です。たとえば2014年の10月17日には、24年ぶりの大きな黒点が出たのですが（図1‐10）、これは私もしっかり肉眼で確認できました。

とはいえ、真っ昼間の太陽を裸眼で見るわけではありません。見るタイミングは、夕方、それも日没寸前でなければならないのですが、それでも結構まぶしいものです。私は日食メガネで観測したのですが、これが実によく見えました。

普段、太陽を研究しているといっても直接太陽を見ているわけではありません。主に見ているのは、望遠鏡や観測衛星の画像です。そうした画像では黒点をいつも見ていましたが、リアルタイムの黒点を肉眼で見るとやはり感慨深いものがありました。

余談ですが、そのときある放送局からかかってきた電話の内容に、私は大変驚きました。北京(ペキン)では毎日、昼間から当たり前のように黒点の浮かぶ太陽が見えているというのです。「それって珍しい現象ですか」と聞かれて、私はどう答えればいいのか、何ともいえない気分になりました。

日食メガネを使わずに太陽を直視できる理由は大気汚染です。

私も北京を訪れたことがありますが、その際に太陽を見てもぜんぜんまぶしくなかったことを覚えています。あの状態ならば、大きな黒点であれば余裕で見えたことでしょう。それどころか、金星の太陽面通過でさえ直接肉眼で観測できるかもしれません。笑い話のようですが、あまり笑えない話ではあります。

あれから10年近くが経ちました。北京の大気は少しきれいになったでしょうか。

太陽フレアは「今そこにある危機」

太陽から発せられるエネルギーと光がなければ、地球上のほとんどの生物は生きていくことができません。太陽は文字通り母なる星ではあるのですが、一方において生命を脅かす存在でもあります。

きっと、ほとんどの人は「まさか」と思うことでしょう。しかし、研究が進んだ今、太陽面における大爆発、太陽フレアが、現代社会においては大変なリスクになる可能性が出てきたのです。


1989年3月13日、カナダのケベック州で大停電が発生し、2分も経たないうちに州全体が暗闇に覆われました（図1 - 11）。何の前触れもなく、突然電気網がダウンしたのです。朝になっても停電は続き、復旧までに少なくとも9時間はかかりました。その間、都市機能は完全にマヒ。家庭の電源はおろか、交通や通信などすべてのインフラがストップしました。影響を受けたのは約600万人、経済的な損失は100億円に上ったと見られています。

この都市災害を起こした原因こそ、数日前に太陽面で起きた大フレアでした。大フレアが発生したため、大量のプラズマが地球に向かって放出されたのです。それが地球の磁気圏に入り、激しい磁気嵐を起こしました。

磁気嵐は大規模なオーロラを発生させ、米国のテキサス州やフロリダ州といった南部で

図1-11　1989年3月の大フレアの被害はケベック州を中心に広い範囲に及んだ

もオーロラが見えました。普通なら決してオーロラなど見えない土地です。

　同時に電波障害が発生し、短波を使っているラジオなどはまったく聞こえなくなったといいます。

　そして起こったケベック州の大停電。アメリカでも数カ所、電気施設に障害が起こったといいます。なぜケベック州だけ広範な被害を受けたかというと、ケベック州の地形がカナダ楯状地（たてじょうち）という固い岩盤の場所にあったため、天から降り注ぐ電流が地中に流れることができず、一斉に送電線に潜り込んでしまったためでした。

　被害があったのは地表だけではありません。空に浮かぶ人工衛星もダウンしたり、

小

爆発の大きさ

大

フレアの等級	発生頻度
C	1年に1000回
M	1年に100回
X	1年に10回
X10	1年に1回
X35（推定）	人類が見た過去最大級のフレア（2003年）
X100	10年に1回
X1000	100年に1回
X10000	1000年に1回
X100000	1万年に1回
X1000000	10万年に1回

図1‐12　フレアの等級はX線の強度で表し、MクラスはCクラスの10倍、XクラスはCクラスの100倍、X10クラスはCクラスの1000倍……となっている。2003年のフレアは11月4日に発生。人工衛星や探査機に影響を与えたが、太陽の西のリム（縁）で発生したので、地球への正面衝突はまぬがれた

故障したりするものが続出しました。

　フレアには規模によって等級がありますが（図1‐12）、このフレアの規模はX5弱、つまり黒点極大期には年に数回は起こるレベルのものです。毎度同様の被害が必ず起こるというわけではありませんが、1989年の場合は、太陽風の向きや様々な悪条件が重なった結果、大きな被害となりました。ある意味不運だったといえるでしょう。

　しかし、ひとつ間違えば、1年のうちに必ず何度かは起きる

レベルのフレアでも大きな被害が出るということを、この例は示しています。ましてや、1989年当時よりはるかに電気に頼る生活をしている現在、同じようなことが起きたら、想定以上のできごとが発生するかもしれないのです。

停電がいかに大変であるか、東日本大震災はもちろん、それ以降も大きな地震や台風といった災害の際に経験した方も少なくないことでしょう。東日本大震災では被災地での電気施設の倒壊、流出といった直接的な被害はいうに及ばず、東京電力の管内では東京都心部を除く多くの地域で計画停電が実施され、社会に大きな混乱を起こしました。予告があっても混乱は免れないのですから、突然全電力が喪失する事態が起こったらどうなることか──。

「でも、そこまでの被害を起こすようなフレアが起こるの？」と思う方もいるかもしれませんが、わずか165年前に大フレアが起こっています。

165年前がフレア観測の幕開け

1859年のことです。イギリスにリチャード・キャリントンという天文学者がいました。彼は日々、太陽の黒点のスケッチをしていたのですが、ある日、そのスケッチ中にこれまで見たこともない明るい区域が現れ、そこから強烈な光が発せられているのを見たのです（図1－13）。キャリントンはおどろき、慌てて観測所の仲間を呼びに行ったのですが、戻ってきたときにはその光は消えていました。

当時はフレアを観測するためのＨαフィルターなどの観測装置もありません。大きなフレアが発生したとき、まれに可視光（白色光）でフレアが見えるときがあります。これを「白色光フレア」といいます。キャリントンが見たのは、まさにこの白色光フレアだったのです。

キャリントンだけが見たのであれば、そのままになってしまったかもしれませんが、幸運なことにもう１人、この現象を見た人がいました。イギリスのアマチュア天文学者であるホジソンです。

そしてキャリントンが謎の発光を見たわずか17時間後、地球上をとんでもない磁気嵐が襲います。キューバやハワイのホノルルでオーロラを観測したとの記録が残っています。この時代、太陽の現象が地球に影響を与えるなどという考えはばかげていると思われていたようですが、地球のほとんどをオーロラが覆ったということになります。

磁気嵐というのは文字どおり強力な磁気の嵐で、地球の磁場を変動させてしまいます。

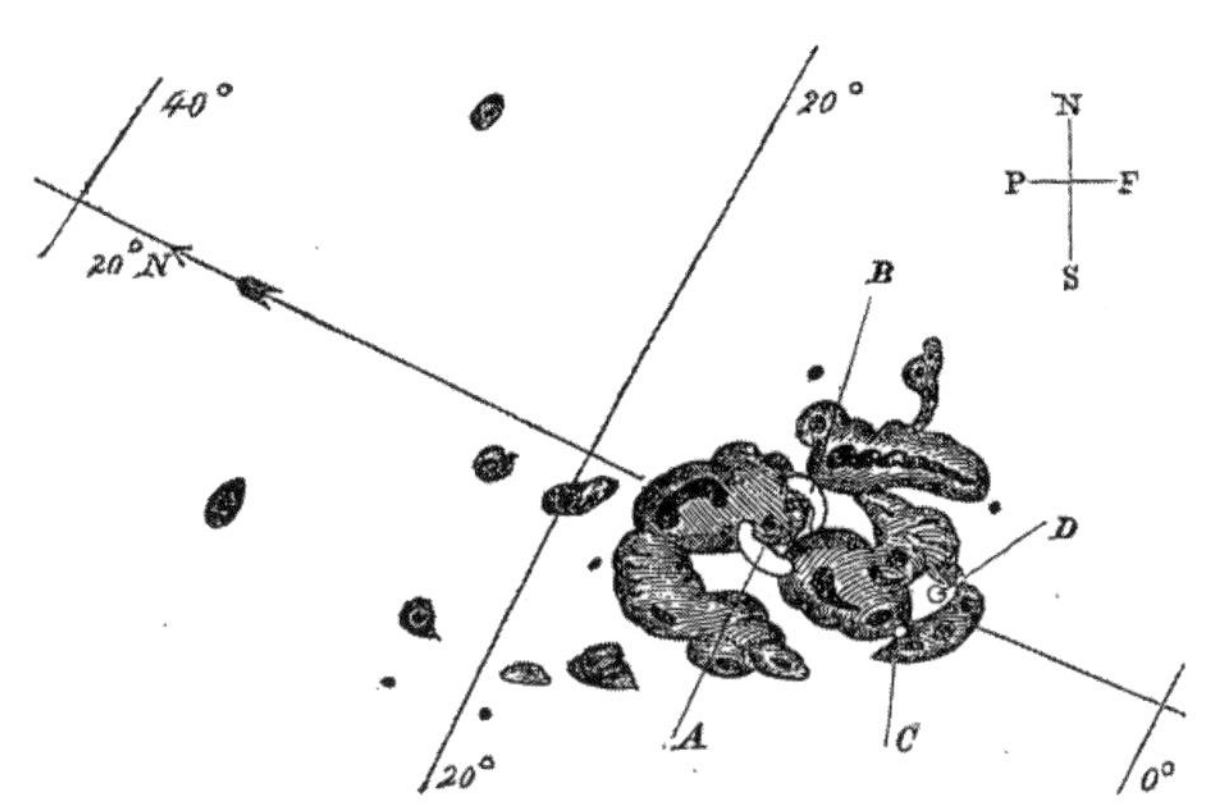

図1 - 13　キャリントンによるスケッチ。黒点の中、A、B、Dと示された白い部分がフレアと考えられる

太陽フレアから飛び出した大量のプラズマが地球磁気圏に衝突・侵入すると、地球磁気圏や電離層に大電流が引き起こされます（図1 - 14）。そのため地球の磁場が激しく変動し、そのことで伝導体に電流が流れてしまうのです（たとえばコンセントとつながっていないコードに電流が流れたり、人工衛星に障害が起きたりします。電磁誘導によるものです）。

このときキャリントンは、自分が見た太陽の現象と磁気嵐の関係を疑いますが、彼はことわざを用いて、慎重さを求めました。

「One swallow does not make a summer.」
（ツバメが一羽来たからといって夏になるわけではない）

このフレアは後に「キャリントン・フレア」と呼ばれるようになりました（残念ながらホジソンの名前は冠されませんでした）。

太陽フレアの研究はここに幕を開けたのです。

それではこのキャリントン・フレアはどのくらいの規模だったのでしょうか。フレアの規模は太陽からの磁気嵐の風速から推定できます。たとえば普通の太陽風であれば、４００～８００㎞毎秒（ちなみにジェット機は約０・３㎞毎秒です）、地球に到着するのに３日くらいかかります。１０００㎞毎秒を超えると「大フレア」に相当します。キャリントンの観測の翌日、約17時間後に地球のあちこちでオーロラが見えたことから計算しますと、２４００㎞毎秒と推測できます。とんでもない規模です。最近では、このときのフレアのX線強度はX46～X１２６でないかと議論されています。

19世紀半ばのこの時代、まだ今ほどには電気が使われていませんでしたが、それでも電信を使い始めていた欧州諸国では、スイッチを入れていないのに電信機が勝手に動き出したり、電報用の紙が火花放電によって燃えたり、というような事故があったそうです。

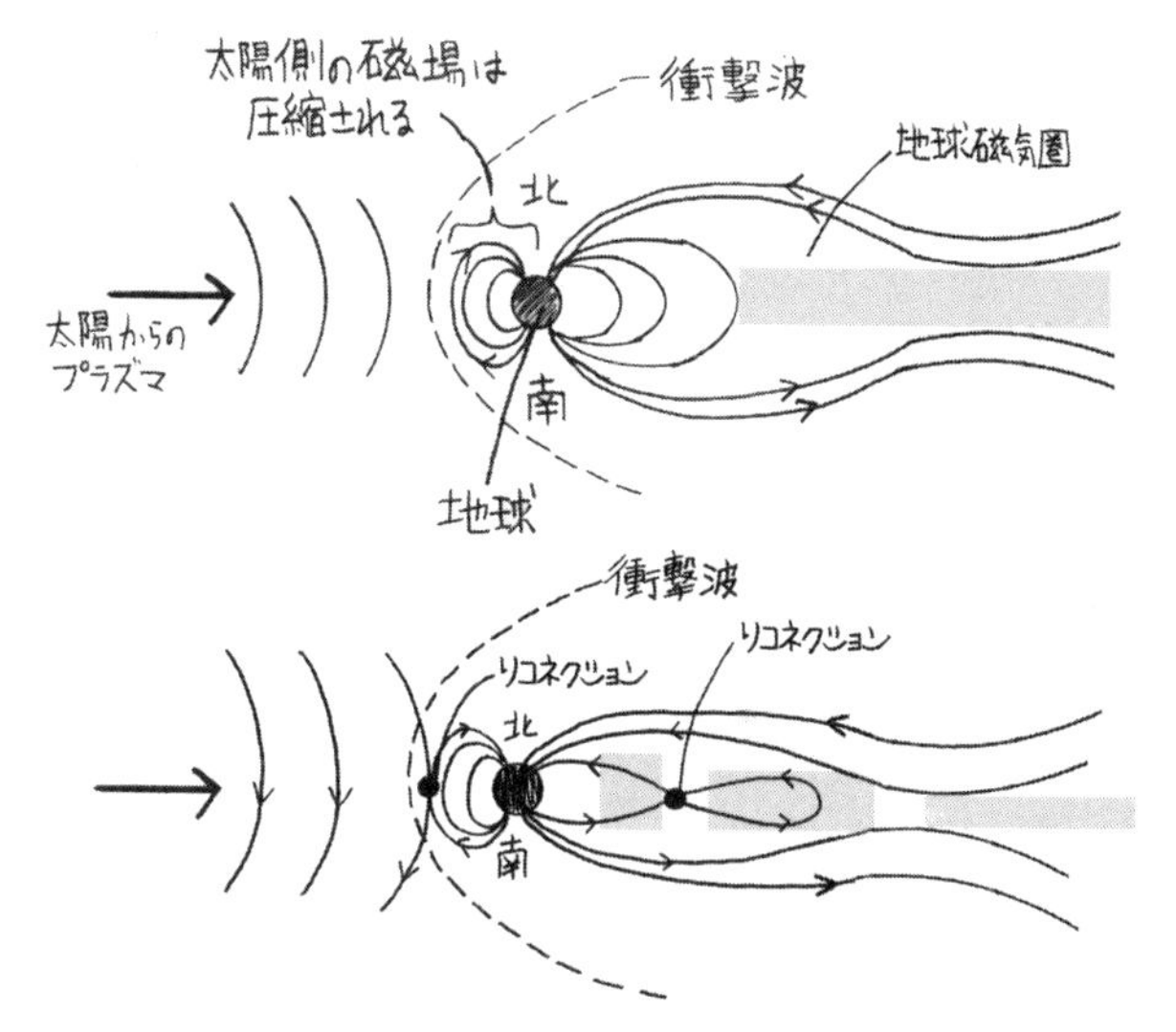

図1－14　磁気嵐の起こる仕組み。（上）地球には磁場があり、磁力線がつつむようになっている。そこに太陽風という太陽からのプラズマの流れが衝突すると、太陽側の磁場は少し圧縮され、逆に反対側は引き伸ばされる。磁場があるおかげで太陽風が侵入してこない　（下）太陽風の磁場の向きによっては磁気リコネクションが起こり、磁力線に乗ったプラズマが地球磁気圏に侵入してくる。グレーの帯はプラズマシート。プラズマシートとは、加熱された高温のプラズマがたまっているところ（リコネクションについては第四章で説明します）

もし、これを現代に置き換えたらどうでしょうか。被害は何億人にも及ぶでしょうし、停電も1週間、いえ場合によっては1か月間というのも大げさな話ではありません。米科学アカデミーは被害額が2兆ドル（約300兆円）に達すると予想しています。

そうはいっても160年以上前のことですし、遠い太陽の現象が身近に影響を及ぼすというのはなかなか実感できないことでしょう。

実は2012年7月23日にもキャリントン・フレアクラスの巨大フレアが起きています。このフレアの直後、研究者の間で話題になったので私もよく知っていたのですが、14年になってNASAも「大フレアが地球ニアミス（Near Miss: The Solar Superstorm of July 2012）」と発表し、世界でも大きく報道されました。そのためフレアから2年も経っていたにもかかわらず、私も日本のテレビ局から取材を受け、電話出演しました。

このときは本当に幸運でした。フレアの飛び出した方向が地球の位置とは逆だったのです。たまたまです。これが直撃していたら……。

その後、ピート・ライリーというアメリカの物理学者が、今後10年間にこのクラスの巨大フレアが起こり、地球を直撃する確率についての論文を発表しました。確率は12％ということです。ライリーは「当初は確率がとても高いことに自分もかなり驚いた。だが統計は正確なようだ。厳しい数字だといえる」と述べました。10年間に12％の確率、私もかなり大きいと思います。

星でもフレアを発見！

１８５９年のキャリントン・フレアは人類が最初に観測したフレアであり、かつ現在のところ「記録されている」上では最大規模のフレアでもあります。

しかし、人類が太陽について科学的に書き留めるようになったのは、わずか４００年ほど前。観測記録にしたところで、数千年前が限度です。私たちは、46億年続いている太陽活動のほとんどについて、なにも知らないも同然なのです。

ですから、もしかしたら、１０００年に一度という規模の超巨大フレアが、私たちの時代に起こってもおかしくないのではないでしょうか。いや、むしろ、あると考えたほうがよいでしょう。ただの憶測でこのようなことをいっているわけでも、おどすわけでもありません。参考になるモデル・ケースを、私たち京大グループが、観測によって発見したのです（天文学会における発表は２０１１年）。

それは、太陽によく似たタイプの恒星を観察することで見つかりました。

キャリントン・フレアのさらに100倍から1000倍ものエネルギーのスーパーフレアが起こっている証拠を発見したのです。しかも、このスーパーフレアは珍しいものではありませんでした。148個の太陽型星において、120日間で合計365回もスーパーフレアが発生していました。

これまで私たちの太陽ではスーパーフレアは起きないものとされていました。なぜなら、スーパーフレアが発生するには「ホット・ジュピター」と呼ばれる木星級の惑星が、水星軌道より内側、中心星のすぐ近くの距離になければならないと考えられていたからです。

このホット・ジュピター説はアメリカの天文学者であるシェイファーが提唱したものです（図1-15）。2000年に過去のさまざまな観測データを点検して、その中から太陽のように比較的遅い自転速度を持つ太陽型星で9例のスーパーフレアを見つけていましたが、彼らはスーパーフレアの原因をホット・ジュピターの存在であるとし、したがって（近くに木星のような大きな惑星のない）我々の太陽ではスーパーフレアは起きない、と結論付けていたのです。

ところが、私たちが観察した恒星にホット・ジュピターを持つものは一つもありませんでした。つまり、ホット・ジュピターはスーパーフレアの必要条件ではなかったわけです。

逆にいうと太陽でもスーパーフレアが起こる可能性があるということになります。

もちろん、このクラスになると、８００年から５０００年に一度ぐらいしか起こらないでしょう。

しかし、我々は最近１０００年に一度の震災を経験したばかりです。未曽有の災害がいつふりかかるかわからないという真理を、身をもって知りました。

私たちは、太陽型星でのフレア発生を報告する論文を科学誌「Nature」に投稿しました。警告の意味を込めて、です。

ところが、驚いたことに、「Nature」誌の編集者や査読者は、太陽でスーパーフレアが起こる可能性への言及を削除するように要請してきました。「我

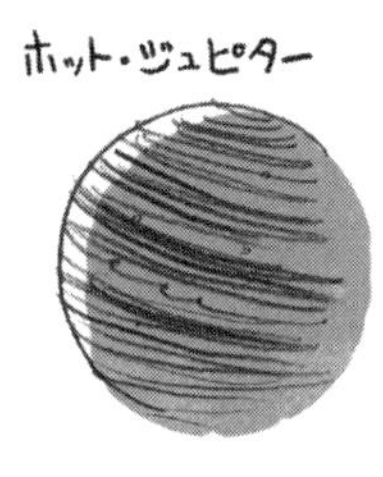

図１-15　ホット・ジュピター説。恒星の近くに、木星ほどの大きさの惑星があることがスーパーフレアを引き起こす必要条件とする説

らの太陽でスーパーフレアがあった証拠はないし、これからも起こるという確信もないのに、無闇に人々を恐れさせるようなことを書いてはいけない」というのがその理由でした。さらに、「太陽では起きないということを明記せよ」とまでいってきたのです。

私としては、当然納得がいきません。しかし、最終的には彼らの要求を一部呑み、ある部分を削除せざるを得ませんでした（「太陽では起きない」とはさすがに書きませんでした）。

このときの査読者（投稿された論文を読み、掲載にふさわしいかを審査する、その分野の研究者のこと）がだれだったのかは明らかにされていません。

ただこのとき、一つおもしろいことがありました。雑誌の巻頭には、この号で掲載されている論文について、別の研究者によって書かれた紹介文が載るのですが、私たちの論文の紹介文を書いてくれたのはシェイファーでした。その「紹介文」では、私たちの論文紹介はもとより、ホット・ジュピターの紹介が大きく図付きで紹介されていました。

私はシェイファーと一度話したいとずっと思っているのですが、なかなかその機会はめぐってきません。最近、あるテレビ番組の制作の方が私の取材をしてくださり、その中でこの話をしたらとても興味を持ってくれ、「テレビでシェイファー博士と話してもらえますか」というので、「喜んで」と伝え、期待して待っていました。ところが少し経って制作の方から「やはりシェイファー博士の出演はなくなりました」と連絡がありました。残念です。

少しずつ共有されはじめた危機感

「Nature」に論文が掲載された際（2012年5月）、日本のメディアに向けても発表することにしました。抱いている懸念についてもしっかり話しました。すると、やはり災害大国のメディアだけあって、私の意図をきちんと汲んだ報道をしてくれました。

また世界各地でも危機感を共有してくれる人が現れました。

14年6月にチェコでの学会に行ったときには、テレビに生出演しました。同じ学会の研究者がテレビ局に話して実現したのですが、7〜8分の時間をもらいスーパーフレアのかんたんな仕組みやもたらす影響について話しました（次のURLから見られます。https://www.ceskatelevize.cz/porady/10969902795-studio-6/214411010100625　98分ごろより）。

ほかにアメリカの「ワシントン・ポスト」や、中国、韓国の新聞などでも「太陽でもスーパーフレアが起こりうることが京大の柴田のグループによって発見された」と記事にされました。

人間には、危機を直視したくない心理が働きます。しかし、災害の到来は人間の意図と関係ありません。スーパーフレアもまた、そうした危機の一つです。これは私の想像ではなく、多くの観測データの解析にもとづく考察から導き出せるのです。

被害を防ぐためには、まずフレアが発生する仕組みの全容を解明しなくてはなりません。解明できれば、どういう現象が太陽上で見られたら発生を警戒すべきなのかがわかるようになるでしょう。

このように、太陽フレアの研究は決して浮世離れした学問ではありません。「今そこにある危機」をコントロールするための研究でもあるのです。

スーパーフレアの危険性については、太陽の研究者も１００％理解してくれるわけではありません。「Nature」の査読者たちのようにもし事実なら恐ろしいことなので、本当らしさがかなり確かになるまでは公表すべきではない、と考える人たちもいます。

ところが、意外な分野の科学者が、私の話に強い興味を持ってくれました。

古生物の研究者です。

生物が生まれて以来、40億年の歴史を研究している彼らにとって、地球環境を一変させ、多くの生物を絶滅に追い込むほどの大カタストロフィ（破滅、絶滅）は、決して絵空事ではないからです。

歴史の中で、生物は少なくとも5回以上の大量絶滅に瀕しています。

大量絶滅というと、私たちは中生代白亜紀末の恐竜の絶滅をまず連想しますが、史上最大規模の絶滅はそれよりももっと前、約2億5100万年前、古生代ペルム紀末に起きました。なんと全生物種の9割以上が絶滅したというのです。

これらの大カタストロフィはどうやって起こったのか。白亜紀末の恐竜の絶滅については巨大隕石(いんせき)の衝突が有力と考えられていますが、それ以前の4回の大絶滅の原因については未(いま)だ謎です。共通しているのは、なんらかの激しい気候変動に見舞われたであろうという見解です。原因は様々取りざたされ、巨大噴火の発生や隕石の落下などが議論されているのですが、私は短期間での大量絶滅については、スーパーフレアが候補に入ってもおかしくないと考えています。

もし今知られている発生頻度の統計法則が、もっと巨大なフレアに対しても成り立っているならば、X10万クラスの巨大フレアでさえ、10万年に一度起きるかもしれません。X10万以上はまだわかりません。起きた証拠はありませんが、起きないともいい切れないのです（統計法則とは、フレアの規模の大きさと頻度の間の法則のこと。図1－12で、たとえばX

10→X100と規模が10倍になると、発生頻度は1/10になっているのがわかります。他の値についてもその関係性は同様です)。

もし、このクラスのフレアによって発生した放射線が一斉に地球上に降り注いだら、生物はただではすみません。9割が絶滅という事態も、十分にありえます。

黒点とフレアの密接なつながり

さて、このフレアと黒点は、実は密接なつながりがあります。

先ほどもお話ししましたが(38ページ)、2014年10月、太陽表面に大黒点が現れました。その第一報が届いたのは18日。そこで、我々はさっそく飛騨天文台のSMART(太陽磁場活動望遠鏡)で撮られたHα写真を確認したところ、たしかに南東の活動領域が少し光っていました。

これは大規模ななにかが起こりそうだ……。

私たちは、少なくとも向こう1週間、太陽のモニターを怠らないようにと申しあわせました。

すると、翌19日になって、さっそくXクラスの大フレアが発生したのです。しかも、一度で収まらず、その後22日、24日、26日、27日と少なくとも6回はXクラスのフレアが観測されました。

そのときの写真が図1‐16です。地球の何倍もある黒点がはっきり写っています。

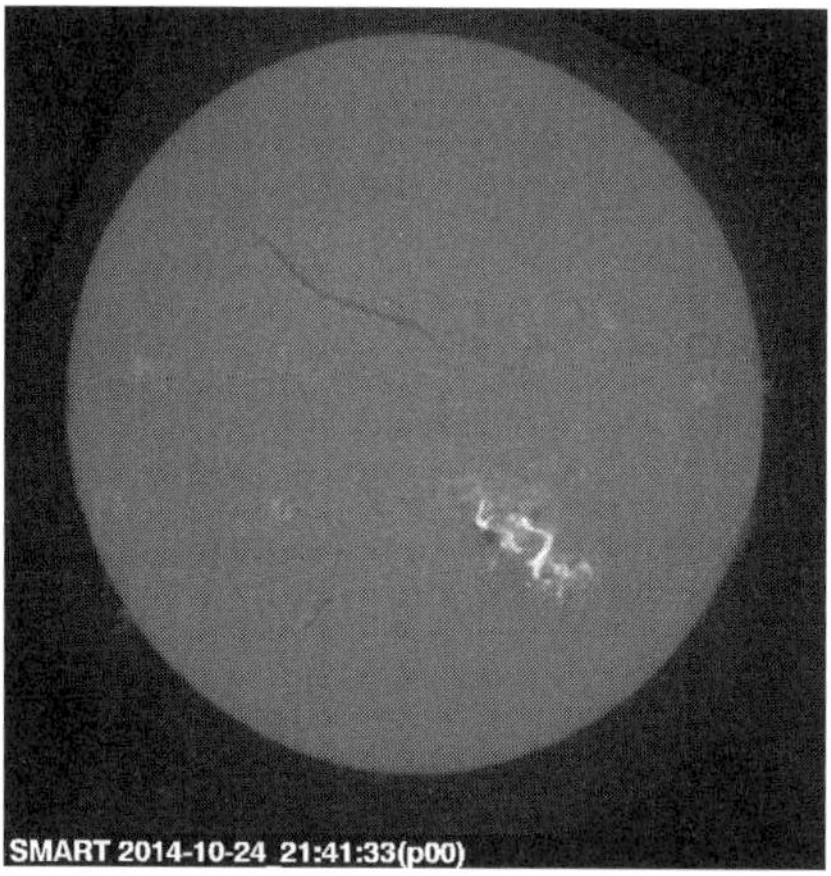

図1‐16　2014年10月、大フレアが発生したときの様子。白いところがフレア（飛騨天文台SMART）

黒点の正体は前述のとおり一種の磁石ですが、なぜ光球面に黒点ができるのか――その原因については、実はまだわかっていません。しかし、黒点が磁場であることが判明したので、だいたいなにが起きているか想像はつくようになってきています。

太陽は全体がガス、つまりプラズマでできているというのはすでにお話ししました。気体なので回転する速さが緯度によって違ってきます（図1‐17を見ながら読んでください）。一番速く回るのは赤

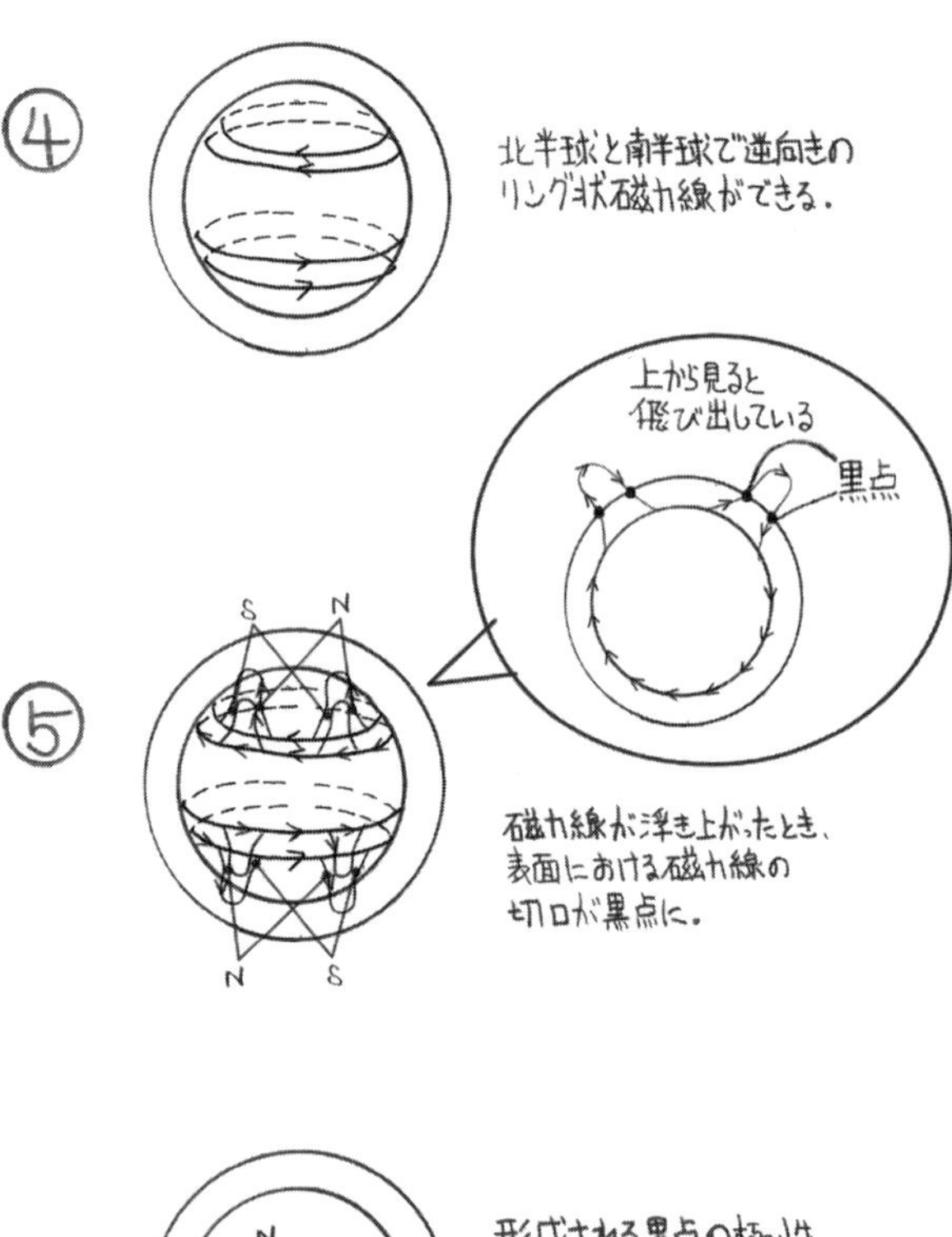
④
北半球と南半球で逆向きの
リング状磁力線ができる.
上から見ると
飛び出している
黒点
S
N
⑤
N
S
磁力線が浮き上がったとき、
表面における磁力線の
切り口が黒点に。

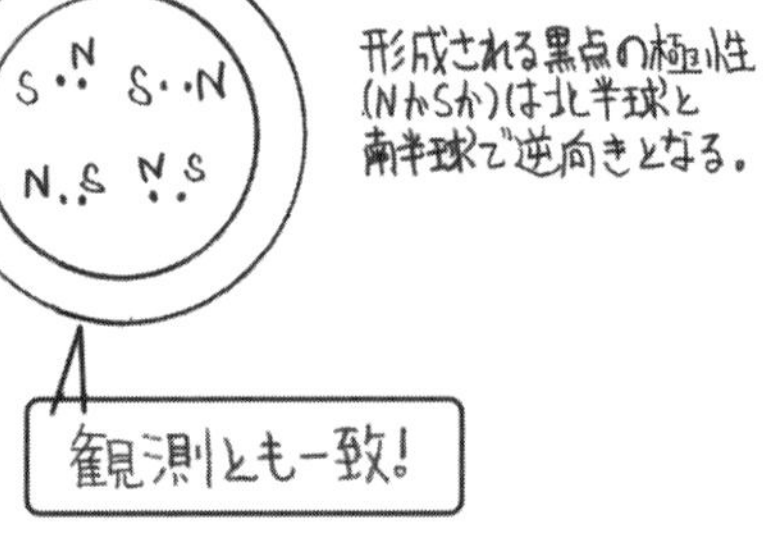
S N S N
N S N S
形成される黒点の極性
(NかSか)は北半球と
南半球で逆向きとなる.
観測とも一致!

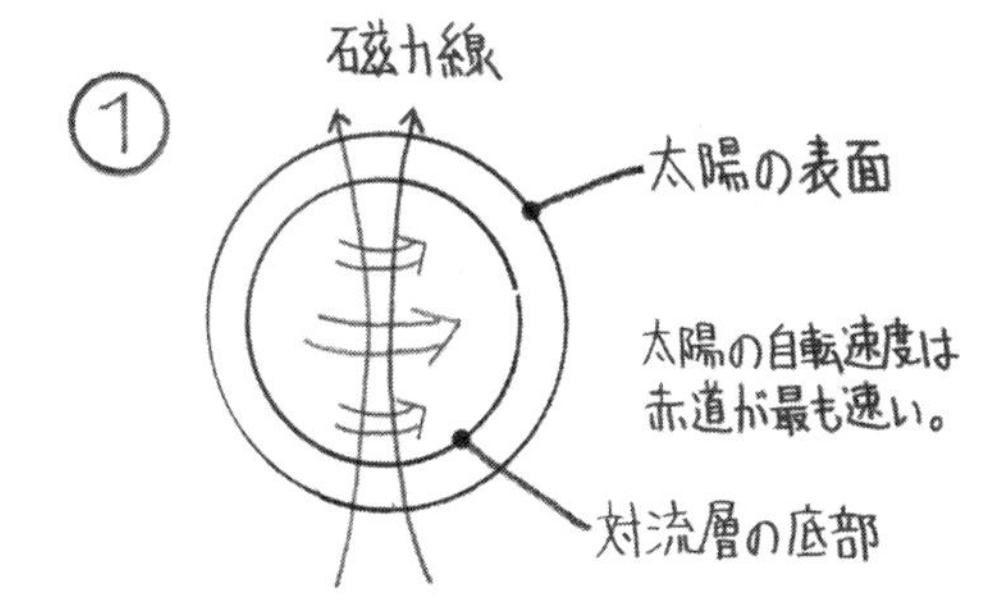

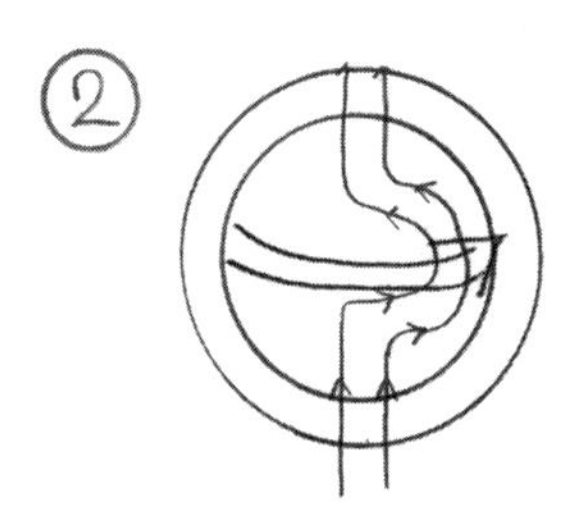

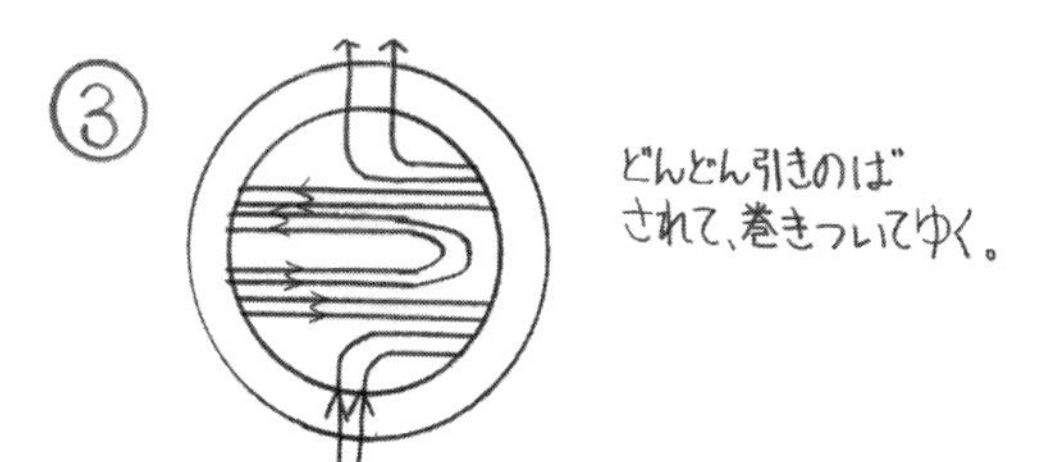

図 1 - 17　磁力線が捻られ、リング状になり、黒点ができると考えられている

道付近で、その付近にある磁力線はどんどん捻(ねじ)られていきます。太陽の内部にある磁力線がリング状になっていくのです（図1-17）。

おそらくこうしてできた巨大な磁力のリングが、太陽の内部にはいくつかあると思われます。

そのリング化した磁場のチューブの中からプラズマが吐き出されると、軽くなって浮力が発生します。それで磁場のチューブ全体が浮き上がって、顔を出したところが黒点だろうと想像されています。そのため、黒点は太陽の赤道付近により多く出るというわけです。また、黒点部分が光球のほかの場所より２０００度も低くなる理由もわかってきました。

磁場には当然、磁力があります。磁力があると、あたりにあるプラズマと相互作用します。プラズマは大変よく電気を通すからです。

しかし、電気が通ると、その周辺のプラズマは力を受けることになります。そのため、内部からのエネルギーを輸送してくれる対流が妨げられてエネルギーが来なくなり、必然的に温度が下がって、結果として色が黒く見えるようになるのです。

黒点に関してはもう一つ知られた謎があります。黒点の増減周期が11年であるという事

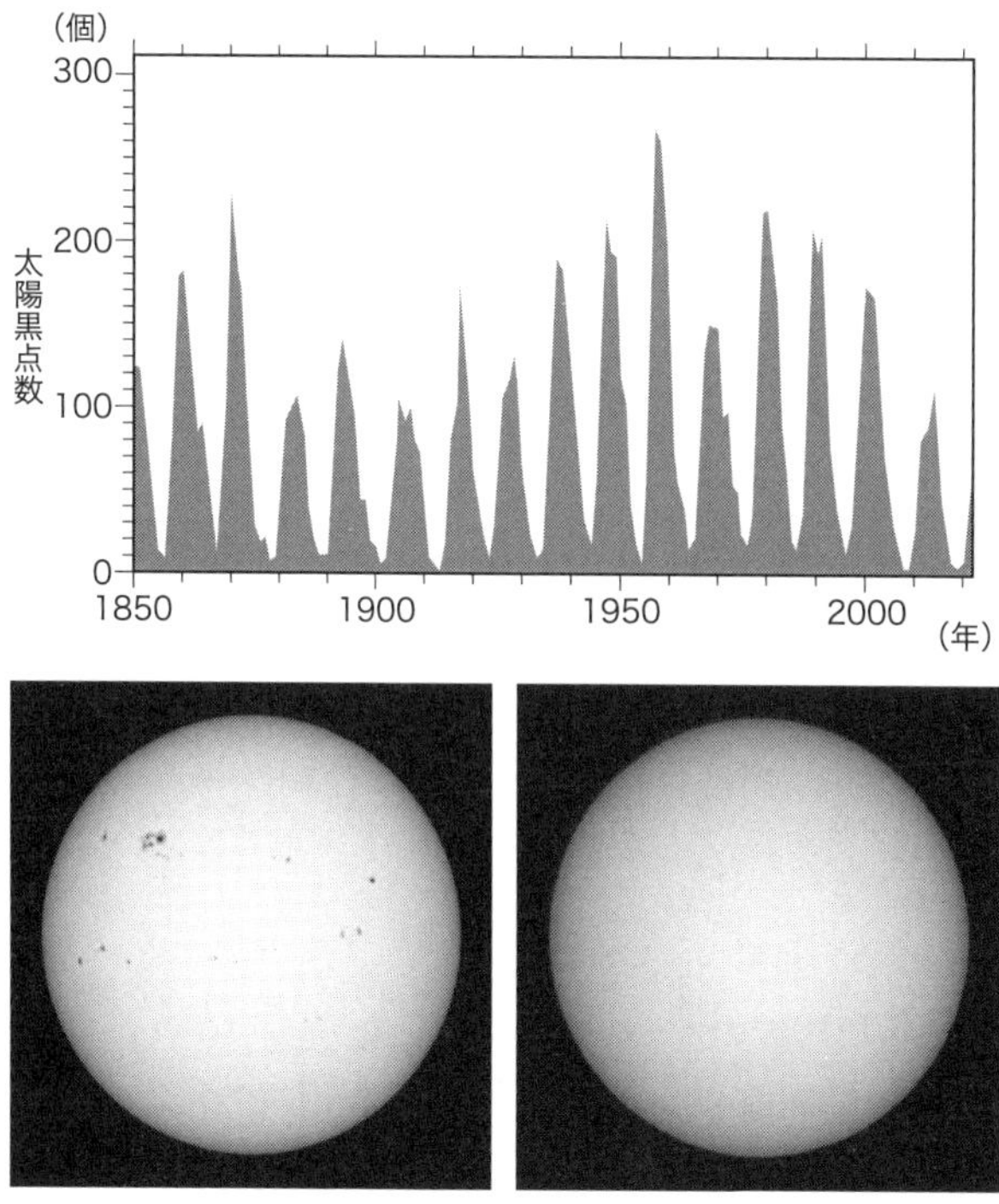

図1 - 18　（上）黒点数の11年周期変動。提供　NOAA
（下）極大期（左、2001年3月26日）と、極小期（右、1996年5月21日）の太陽の様子。黒点の数に大きな違いがある。提供 Big Bear Solar Observatory

実です（図1-18）。11年とは不思議ですが、この要因について、まだ諸説紛々の状態です。黒点数に明らかに変動があるのは比較的早くから知られていました。それを年ごとにプロットしたら周期はだいたい11年になります。場合によっては12年のこともあるし、10年のこともあります。しかしなぜ、だいたい11年なのかはわかっていません。

このように黒点は謎に満ちていますが、これらが解明されれば、いつ黒点が発生するのか、それはどれほどの規模なのかを予測できるようになるでしょう。そして、予測にもとづいてフレアの警戒も行えば、ケベック州のような事態を未然に防げるかもしれないのです。

カギを握る冷たいプラズマの雲

フレアと黒点は密接な関係があるということをお話ししてきましたが、フレアにはもう一つ関係の深い現象があります。先ほどご説明したプロミネンスです。日本語では紅炎（こうえん）と訳します。

日食の折には、文字通りの赤い炎のようなものが、彩層から立ち上がる様子を見ることができるので、この名が付いたのでしょう。観測史上に残る最大のプロミネンス噴出は1946年、アメリカで観測されていますが、このときは太陽半径と同じぐらいの大きさが

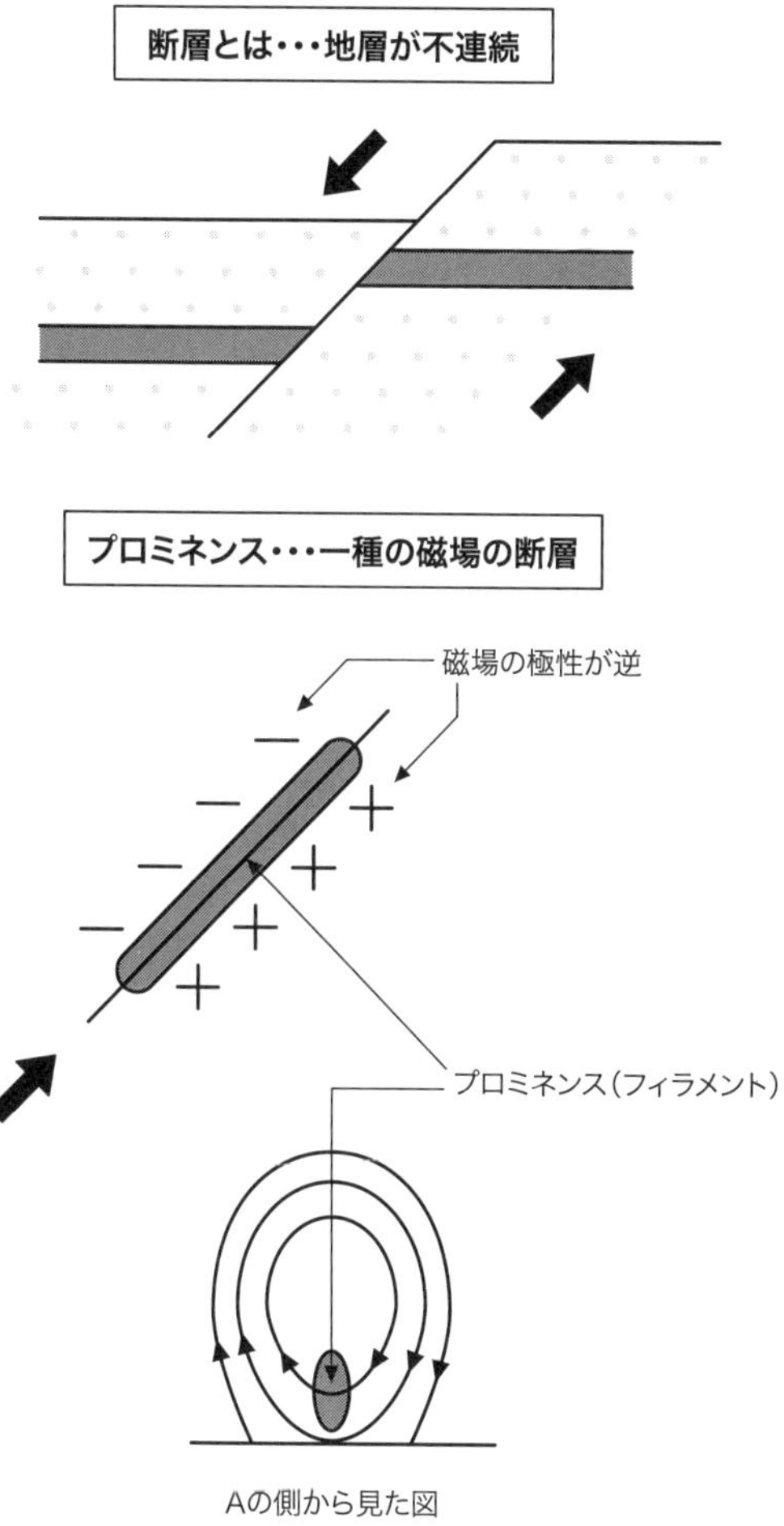

図1 - 19　プロミネンス＝磁場の断層って？

ありました。

ただ、この「紅炎」という訳語が曲者で、文字通り受け止めるとプロミネンスは太陽からど〜んと上がった炎の柱であるかのように思われるかもしれません。

実際には、先ほど説明したとおり、実体は「冷たい」プラズマの雲。炎とはまったく違うものです。おそらく、このイメージのせいでプロミネンスとフレアの区別がつきにくい方もいるかもしれませんが、まったく別物です。プロミネンスは物質の名前であり、フレアは現象を指す言葉です。

では、プロミネンスはどのようにして発生するのでしょうか。プロミネンスは雲のように太陽コロナの中で宙に浮いているように見えます。浮かんでいるのはおそらく、磁場の力が働いているためと考えられています。ただこのときの磁場の構造がどうなっているのかは難しく、よくわかっていません。

私は、プロミネンスは一種の磁場の断層のようなものだと思っています。こんな仕組みです（図1 - 19）。

なんらかのきっかけで、コロナの磁場に断層のような谷間ができると、磁力線のエネルギーはどんどん溜まっていきます。そこに、プラズマが引っかかって雲のように浮くようになります。しかし、プラズマには重さがありますから、重力が働いて下に下がろうとします。この重力と磁力線の力が均衡している場合は、プラズマは上からも下からも抑えられていますから、膠着（こうちゃく）状態になります。ところが、磁力線のエネルギーがどんどん溜まり、重力より強くなるとエネルギーが一挙に解放され、プロミネンスは上昇、そのときに解放されたエネルギーによりフレアが起こるのではないか——これが私の考えている発生の仕組みです。

安定状態にあるプロミネンスの磁場がどのようになっているかはまだはっきりしておらず、現段階ではあくまでも仮説に過ぎないのですが、この仕組みを詳しく調べて解明すれば、プロミネンスの噴出が予測できるようになりますし、そうなると巨大フレアの発生予測にも道が開けるでしょう。

天文学者が大災害を防いだ

このように、まだまだ道半ばどころかスタートラインに立ったばかりというのが、フレアの発生予測の現状ではあるのですが、近年の観測体制の向上によって、必要なデータがどんどん集まるようになってきました。これらの解析が進めば、現在は「わからない」としかいえないさまざまな現象の正体を摑むこともできるでしょう。発生のメカニズムがわかれば、発生予測も可能になります。今、私が最終的に目指しているのは、「宇宙天気予報」の確立です。

「宇宙天気予報」を意識する、きっかけとなったできごとがありました。

1994年のことです。当時、国立天文台に勤めていた私は、鹿児島県にある内之浦宇宙空間観測所で人工衛星の「ようこう」衛星の運用当番をしていました。「ようこう」衛星が地球を1周して内之浦上空に戻ってくるのに、だいたい1時間半かかります。1時間半に一度送られてくる観測データを見て、太陽や「ようこう」衛星そのものに異常がないかチェックするのが仕事でした。

4月14日、私はいつも通りに勤務していたのですが、2時ごろ送られてきた太陽のX線画像のデータに大きなフレアによく似た形の現象の痕跡を見つけたのです。ただし、通常のフレアとは違い、X線の強度があまりにも弱いものでした。

これはなんだろうと思っていると、アーケード状になっている面積が徐々に広がっていきました。データ上のX線量を見る限り、このフレアはさほど大きなものではありませんが、現象としてはかなり大きいはず。

これは、大量のプラズマがコロナから噴き出したに違いない――。

私は確信しました。そこで、世界中の関係機関に「太陽で巨大なプラズマ噴出が起きた可能性がある」と電子メールで知らせたのです。

その中には、アメリカ海洋大気庁に所属していたアラン・マッカリスター博士もいました。博士は、私の情報を見ると、すぐにシカゴの電力会社に電話しました。数日前、電力会社から「もし太陽でなにか異常があればすぐに知らせてほしい」と頼まれたばかりだったそうです。以前、磁気嵐で被害にあったその電力会社は、太陽の変異をきちんとリスクとして評価していたのです。

警告を受けた電力会社はさっそくあらゆる部署に指示をだし、磁気嵐に備えたそうです。

その2日後。

予想したとおりの巨大な磁気嵐が発生しました。しかし、準備を整えていた電力会社は故障や停電などのトラブルを抑えこむことに成功し、数億円規模の損害を未然に防ぐことができました。結果、私は、アメリカ政府やNASAから感謝の言葉をもらうことになったのです。

この体験は、私にとってエポック・メイキングなできごととなりました。それまで、研究者として宇宙の謎を解明することだけを目指していたのですが、データを正しく把握し、適切な警告を発すれば、天文学者でも社会に対して直接的な貢献ができると知ったからです。

以来、私は、宇宙天気予報の確立は太陽研究者に課せられた責務と考えるようになりました。太陽の研究が実は社会と密接に関わるものだということを、みなさんにも理解していただければと思っています。

第二章

超巨大な衛星、月の不思議

満月になると赤ちゃんが生まれる？

私事で恐縮ですが、２０１３年に初孫ができました。

私に目元がよく似ている、とても愛らしい子ですが、その誕生の際に少々驚いたことがありました。同じ日に、同僚の女性研究者や、天文台のスタッフのご親戚にもお子さんが誕生したのです。さらに、娘の話によると、その日の産婦人科は同じように出産を迎える妊婦で大にぎわいだったといいます。

これは単なる偶然なのだろうかと、ある研究会の懇親会で酒の肴として笑いながら話していたら、「それは偶然ではありません」と教えてくれた人がいました。理化学研究所の望月優子さんという宇宙物理学者です。望月さんによると、数学者の藤原正彦さんと藤原美子さんが翻訳された『月の魔力』（アーノルド・L．リーバー著、１９９６）という本の中に、月の満ち欠けと人間の誕生には、密接な関係があると書いてあるというのです。

藤原正彦さんご自身も、自然分娩のケースを二千数百集め、統計解析されました。すると、新月の１日前と３日後、および満月の１日前と３日後に、それぞれ出産のピークがあり、これは統計学的に有意であるということで、論文にして発表されたそうです。

子どもの誕生に月が影響するとは……。予想外ではあったものの、同時になんとなく腑に落ちるところもありました。月は、ただ空で光っているだけではなく、地球上にさまざまな物理的影響を与えているからです。

特によく知られているのは、潮の満ち引きと月の関係でしょう。月の引力の影響を「潮汐力」と呼ぶように、人類はかなり早い段階で、潮の満ち引きと月には相関関係があることに気づいていました。

月の質量は太陽とは比べ物にならないほど小さいものの（太陽の約2700万分の1）、地球に距離が近い分、潮汐力は計算すると約2倍も強くなります。月が満月、もしくは新月になると、月・太陽・地球が一直線に並ぶために潮汐力が重なり、働く力が強くなるので、海の満潮と干潮との差が大きくなります。これが大潮と呼ばれる現象です。

一方、上弦（旧暦7、8日）や下弦（旧暦22、23日）のころには、月・地球・太陽が直角に並び、月と太陽の潮汐力が打ち消し合うため、小潮になります（図2‐1）。

自然に対し、これだけ大きく作用する力ですから、人間に何かしらの影響を与えても不思議ではありません。

以前、満月の時期には犯罪がおこりやすいというような話を聞いたときには、まったく信用に足らない俗説だと気に留めていなかったのですが、孫の一件によって、あるいは真

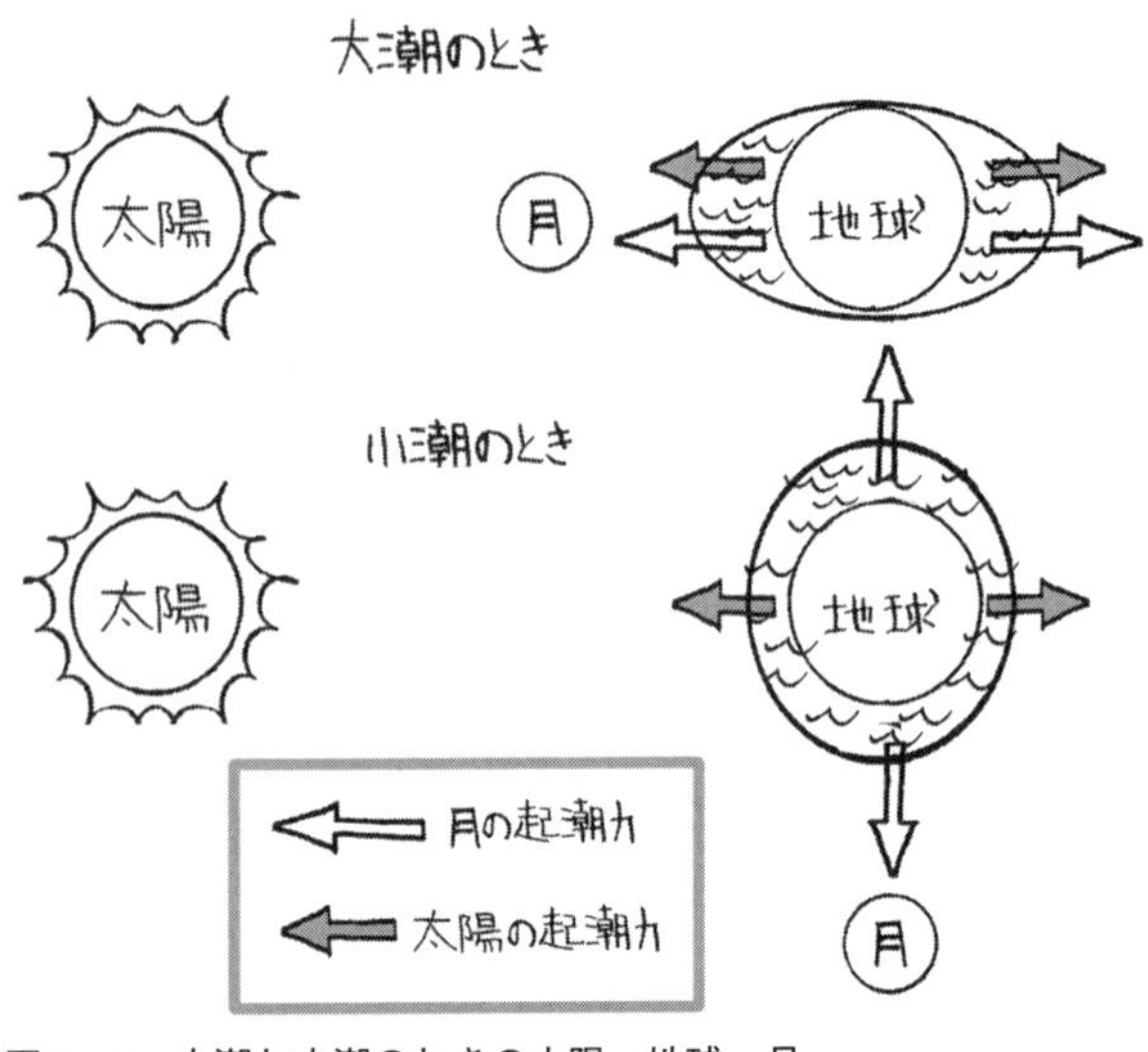

図2-1　大潮と小潮のときの太陽、地球、月

実を含んでいるのかもしれないと思うようになりました。

そもそも私はそれまで宇宙の彼方（かなた）のことにばかり興味がわいて、近くの月にはあまり関心がなかったのですが、月についても目を向けるようになったのは孫のおかげです。

考えてみると月はかなり大きな衛星です（図2-2をごらんください）。潮汐力も相当大きいです。月の潮汐力が大きいおかげで、海の満ち引きが大きくなり、そのおかげで生物は海から陸に上がれたのかもしれず、もしそうであれば、生命を進化させたのは月、ということもいえます。そう考えると、

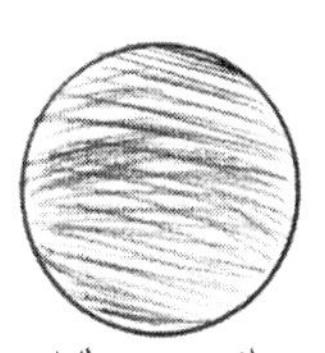

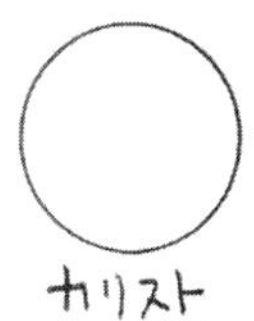

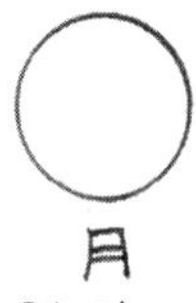

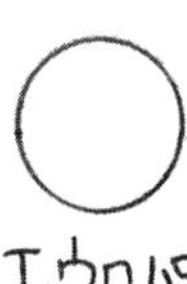

図２-２　太陽系の衛星、それぞれの大きさ。数字は直径。大きい順で月は５番目

人間は、自分たちが思っているよりも、はるかに月に影響されているのかもしれません。

実はこのような説は私のオリジナルではありません。京大総合博物館の館長をされていた大野（おおの）照文（てるふみ）先生が以前から強調されていた説です。先生のご専門は古生物学で、その研究の経験から海の潮の満ち引きが強制的に生物を海から陸に進出させたと主張されていたのです。先生はこんな大きな衛星はあまり宇宙にないだろうから、宇宙人はいないだろうとおっしゃっていました。

私はその結論に同意できなかった

ので、月の潮汐力の重要性に疑いを持っていたのです。しかし孫の誕生によって、宇宙人はともかく「少なくとも月は重要である」というところまでは、大野先生の説に同意できるようになりました。

月はどうやって生まれたか

最も地球に近い場所に位置する天体である「月」を、人間は古来、親しく仰いできました。日本においても、月のうさぎやかぐや姫の物語など、さまざまなエピソードによって語られていますが、大きさなどのデータ的なことはさほど知られていないので、まずはそこから紹介していきましょう。

直径は３４００㎞ほどで、地球のほぼ４分の１程度の大きさにあたります。そして、地球からたった38万㎞しか離れていない場所にある軌道を、地球に対して約27・３日周期で公転しています。

ところで、空に浮かぶ月を見ると、時間によってはずいぶん大きさが違って見えることもありますが、それは単に目の錯覚に過ぎません。

地球から見た月は、指先で五円玉を持って腕を目いっぱい伸ばしたときに見える穴とほ

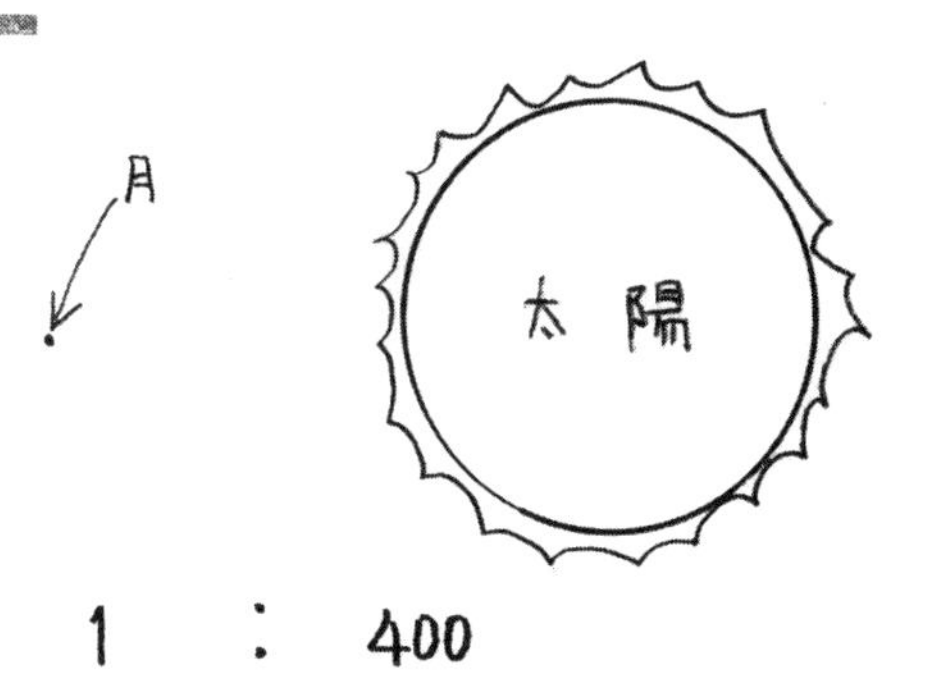

図２-３　太陽、地球、月の距離関係

ぼ等しい大きさです。信じられない方は、次の満月のときにぜひ試してみてください。月は、硬貨の穴にすっぽりと収まります。最近、通常より十数％大きく見えるといわれるスーパームーンがありましたが、目の錯覚による大きさの違いもこの五円玉で実感できるはずです。

また、地球から目視した太陽と月は、ほぼ同じ大きさに見えます（図２‐３）。それは、月と太陽の大きさの比が約１対４００で、地球からの月と太陽の距離も約１対４００であるという偶然の一致によるものです。

このため人類は昔から太陽と月は対になるものと考えてきました。各国の神話を見ると、太陽と月は兄弟であったり、何かしら対となる存在から生まれたとするものが多いといいます。

天文学的にはもちろんまったく異なる星です。太陽が自ら光を放つ恒星であるのに対し、月は地球の周りを回る衛星。光っているのは太陽の光を反射しているからだというのはご存じのとおりです。

では、月がどのように誕生したかというと……それは今のところまだ不明です。これほど身近な天体なのに意外かもしれませんが、仮説はいくつかあるものの、まだ結論が出ていないのです（最近の有力な説であるジャイアント・インパクト説については、このあとの項で紹介します）。

That's one small step for a man, one giant leap for mankind.

宇宙探査の歴史の中でも、月はかなり早い段階で各種の探査機などによってデータが取得されてきました。

特に、アメリカのアポロ計画による人類の月面着陸は、宇宙探査史上、いえ人類史上最大の事件と呼べるものです。

１９６９年、アポロ11号のアームストロング船長が月に降り立ち、「That's one small step for a man, one giant leap for mankind.（これは一人の人間にとっての小さな一歩だが、人類にとっては大きな飛躍である）」と語った言葉は、当時の大人から子どもまでだれしもが知るほどの名言であり、輝かしい宇宙時代の幕開けを告げるように思えたものでした。私はまだ中学生でしたが、テレビ中継を見ながら大変感動しました。宇宙への興味がさらにかき立てられたことをよく覚えています。

このアポロ計画の探査によって月面の岩石が地球に持ち帰られ、詳しく調査・分析が行われました。その数少ないサンプルから判断する限り、月も地球とほぼ同時期、約46億〜45億年前に生まれたと見られています。ですが、どのように形成されたかについては、完全には結論付けされていません。

19世紀以来、天文学者たちは月誕生について、いくつかの説を提唱してきました（図2-4）。

一つは分裂説です。まだ地球が固まりきっていなかった時代に、地球から分裂して誕生したのではないかと考えられたのです。

また、双子説もありました。地球が原始太陽系に漂う物質を取り入れて形作られていったその隣で、月もまた同じように形成されたのではないかとする説です。

しかし、この二説は、月から持ち帰られた岩石を調べた結果、否定されるようになりました。

捕獲説という説も考えられました。太陽系の惑星の一つが、たまたま地球に接近したために捕獲され、衛星になってしまったとする説です。この説が生まれた背景には、地球に対する月の質量比が太陽系のほかの惑星には類を見ない大きさである点があります。

さらに考慮にいれるべきはその衛星が属する惑星（＝母惑星）の大きさです。

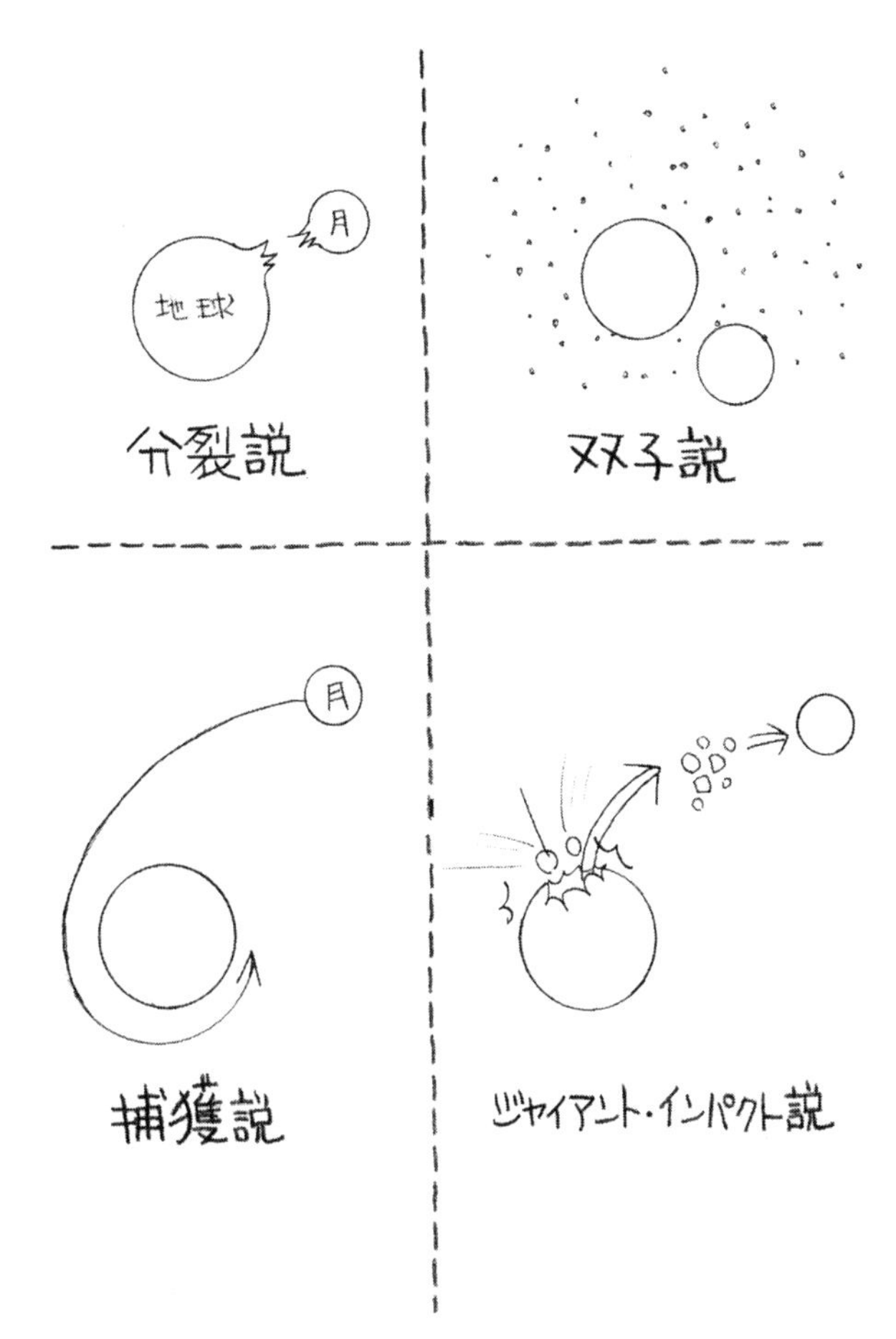

図2-4　月はどうやってできた？

図2‐5をごらんください。

木星や土星は、月とあまり変わらない大きさの衛星を複数持ちますが（図2‐2）、木星は地球の約11倍、土星は約10倍の大きさがあるので、母惑星との対比で見ると、衛星はかなり小さくなるのです。

地球の半分程度の大きさである火星にある二つの衛星フォボスとダイモスなどは双方、直径が十～二十数㎞しかありません。月に比べると石ころのようなものです。そして、小さいがゆえに、球形になれず、いびつな形をしたまま軌道を回っています。天体が球形になるには、直径が少なくとも数百㎞は必要です。それぐらいの規模でないと球形となるのに十分な重力が発生するほど重くはなれないのです。

母惑星である地球に対して約81分の1の質量を持ち、直径では4分の1もある月がいかに異例の存在であるかはおわかりになるかと思います。

一方、月が個別の天体として特別めずらしい存在かというと、そうでもありません。太陽系の形成過程の最初期には、月程度の大きさの原始惑星が数えきれないほどあったと見られており、その一つをたまたま地球が捕まえ、衛星になってしまったのではないかと考えられたのです。

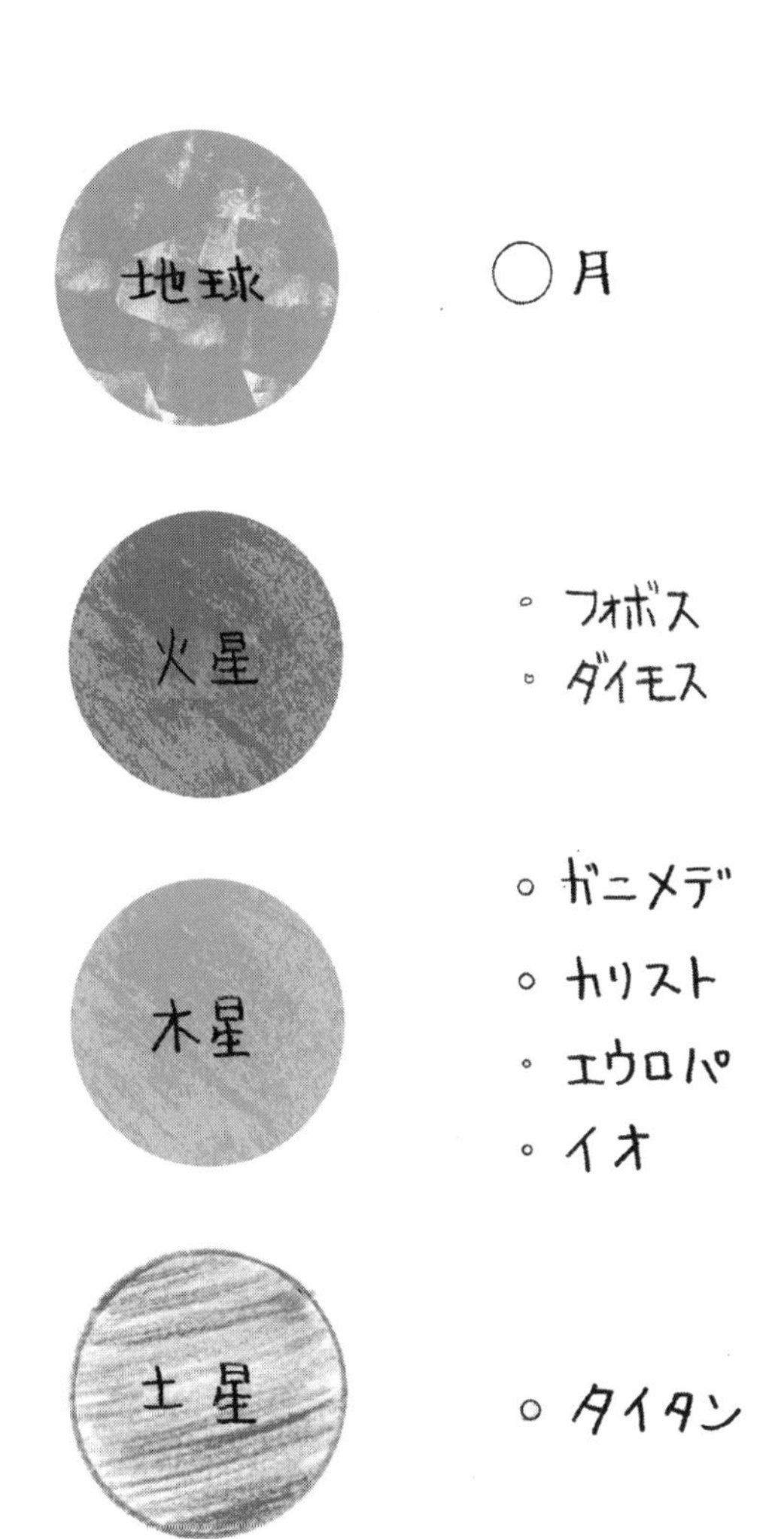

図2-5　それぞれの衛星と母惑星の比率。母惑星をすべて1とすると、月がほかの衛星と比べて母惑星（地球）に対しかなり大きいのがわかる

しかしながら、力学的な問題で、地球が月を補捉するというのは無理があるため、今ではあまり顧みられない説になっています。

その後、研究が進み、月は、単純にいうと、原始地球に火星ほどの大きさの天体が衝突した結果、数え切れないほどの大量の隕石が地球の周りの宇宙空間に放出されて、それらが地球の周りを回っているうちに次第に集まってできた、という説が有力になりつつあります。「ジャイアント・インパクト説」です。

ジャイアント・インパクト説では、最初は小さな隕石の欠片(かけら)だったものが何百万個も万有引力で集まって月ができたとしています。その生成過程は、ニュートンの運動方程式をもとにコンピューター・シミュレーションによって明らかにされています。

月は地球から見れば優雅に浮かんでいるように見えますが、実は地球の周りを秒速1kmというかなりの速さで回っています。ですから、軌道上に隕石などがあると、ものすごい勢いでぶつかるのです。その速度たるや、鉄砲や大砲の比ではありません（鉄砲は秒速数百mほどです）。衝突すると相手は粉々になります。一方、万有引力があるためにくっつくものもあるのです。

そうして少しずつ大きくなっていくと、万有引力も大きくなるので次々と隕石を引き付けるようになって成長していきます。もちろん、より小さな方は壊れますが、万有引力がありますから、その欠片もまたくっついていくのです。

やがて時間が経つと、だんだん成長して大きな天体になるのですが、形成の際の衝突痕がクレーターとなるわけです。

月のクレーターは、月が成長する過程の痕跡といえるでしょう。

現在のシミュレーションでは、月はだいたい1か月から1年ぐらいでできたのではないかと目されています。月の年齢は前述のように46億～45億年ですから、驚くほどの短期間です。

そしてできたばかりの月は、今よりもずっと地球に近い軌道で回っていました。地球の半径の3～4倍ぐらいの位置にあったと見られています（ちなみに現在は、地球の半径の60倍くらい遠くにあります）。

その距離だと、月は今の20倍ほどの大きさで見えたはずです。図2-6は当時を再現した想像図ですが、かなりの圧迫感です。

距離が遠くなったのは、地球との間に働く潮汐力のためであり、何十億年もかけて今の位置になりました。当然、今後も遠くなっていきます。

図２-６　40億年前はこんな感じだったと考えられる。今見ている月の大きさの20倍くらい（合成）

では、いずれ月が遠くに飛んでいってなくなってしまうかというと、そうではありません。地球の自転周期が月の公転周期と同じになったときに月の移動が止まると考えられています。ただしそれよりもずっと前に、太陽が巨星になり、地球も月も飲みこまれてしまうでしょう。およそ70億年後と考えられています。

恐竜は私たちより大きな月を見ていたし、私たちの何十世代も後の子孫たちは今より小さな月を見ることになります。まったく変わらないように見える地球周辺の世界でも、時間のスケールを大きくすれば、実はダイナミックな変化が起こっているのです。

ところで、ジャイアント・インパクト説も、今のところ最も有力な仮説に過ぎません。完全に証明するには、実際に月に行き、調査を行わなければなりません。科学である以上、あくまでも実証が伴わなければ真実とは認められないからです。

近ごろは、インターネットなどのおかげで、最新の学説が一般の方々にも届くようになりました。しかし、中にはまだ実証前の「仮説」に過ぎない情報も含まれています。情報を手にしたときには、それがどれだけ確かなものかを見極める力が必要だということも知っていただきたいと思います。

クレーターの名前

さて、月にとってクレーターはトレード・マークのようなものですが、その一つ一つに名前がついているということはご存じでしょうか。

クレーターの名前は、国際天文学連合（ＩＡＵ）の命名委員会が管理しており、日本人では、私の先輩にあたる花山天文台第三代台長の故・宮本正太郎博士（第一章図１‐６）が、かつて委員として名を連ねておられました。そして、博士は新規命名の際に、日本の歴史的人物の名前を付けていかれたのです。

たとえば、月の東半球に位置する「豊かの海」の北端にあるクレーター「Asada」は江戸時代の天文学者である麻田剛立にちなんで付けられた名前です。

現在では日本人の名がついたクレーターは10ほどあり、中には花山天文台の初代台長である山本一清博士の名前にちなんで付けられたものもあります（図2-7）。

私はそのお二人の後を継ぐ花山天文台台長の九代目に当たるので、だれかが土星の衛星あたりのクレーターにShibataと命名してくれたらうれしいなあ、といっているのですが、さてどうなることでしょうか。

それはさておき、クレーターは月に隕石がぶつかった際にできた衝撃痕であるということは先ほども述べました。今では子どもでも知っていますが、未だ原因が確定されていなかった時代には論争がありました。

火山説と隕石説があったのです。

宮本博士は火山説を支持しておられました。一方、隕石説を提唱しておられたのは東大にいた地球物理学者の竹内均博士でした。

おもしろいことに、天文学者が火山説を主張し、地球物理学者が隕石説を主張していたのです。いわば逆転したような形になっていたわけですが、最終的には隕石説で決着しま

クレーター名	ちなんだ人	職　業
Naonobu	安島直円(1732-1798)	数学者
Asada	麻田剛立(1734-1799)	江戸時代の医師、天文学者
Nagaoka	長岡半太郎(1865-1950)	物理学者
Hirayama	平山信(1868-1945)	天文学者
	平山清次(1874-1943)	天文学者
Kimura	木村栄(1870-1943)	位置天文学者
Murakami	村上春太郎(1872-1947)	天文学者
Yamamoto	山本一清(1889-1959)	天文学者、花山天文台初代台長
Nishina	仁科芳雄(1890-1951)	物理学者
Hatanaka	畑中武夫(1914-1963)	天文学者

図2-7　日本人にちなんだクレーターの名前

す。しかし、隕石が衝突した地表は、火山と似たような性質を示すため、宮本博士の主張も100%間違っていたわけではないようです。

知られざる月の構造

生まれた過程はまだまだわかっていない月ですが、でき上がって以降のことはもう少し判明しています。

約46億年前に固まり始めた月には、まず岩石による山地が生まれました。とはいえ、38億~30億年以前は地殻活動が激しく、月は非常に高温だったと見られています。

この時期、月では大規模な溶岩の噴出と流動があり、溶岩の活動が月の地形を現在のようなものにしました。私たちが月の海と呼んでいる平坦な部分はこの溶岩流によってできたものです。ただし、月の活発な溶岩活動は35億年以前に終わってしまったと見られています。地球では今現在も激しい地質活動が続いているのとは対照的です。

月の内部構造は、地球や太陽と同じく月震（げっしん）、つまり月の地震によって調査されています。月面に地震計が置かれ、そのデータをアポロが取得したのです。

調査の結果、月の内部は表面から数m～数十mの深さまではレゴリスといわれる表土で覆われ、その下には玄武岩質の岩石があることがわかりました。深さ８００㎞までは完全に固体ですが、それより下は部分的に溶融しているのではないかと見られています。実際２０１４年、日本の「かぐや」で測られた月の形の変化での解析から、月の中心付近には軟らかい層があることが認められました。

近年、月の探査は日本の「かぐや」やＮＡＳＡの「ルナ・リコネサンス・オービター（ＬＲＯ）」、中国の「嫦娥（じょうが）」２号および３号など複数の探査機によって大きく進展し、土壌や内部構造などについて詳しいデータが得られています。

ちなみに「嫦娥」というのは中国の昔話に登場する月のお姫さまあるいは女神の名前です。かぐや姫も月に帰ってしまうお姫さまの話でした。私は嫦娥のことを聞いたときに、世界の至る所に月にまつわる神話があるのだな、神話の時代からそれほど月は身近なんだな、と感じ入りました。

月がいつも同じ顔を見せている理由

月は常に同じ側を見せている、ということは知っている方も多いと思います（厳密にいうと月の表面の59％）。それもあって、１９６０年代に月面着陸が達成される前には、月の裏側には私たちの知らない世界があり、宇宙人が住んでいるとか、うさぎがいるとかいわれたものでした。

では月が地球に見せる面がなぜ同じかをご存じですか。月も天体ですから当然自転しています。ならば、その時々によって見える場所が違うほうが当然だと思いませんか。

これは、月の公転運動と自転運動の周期がまったく同じであるために起こります。ちょっとややこしいですが、頭の中で想像してみてください。

月は、地球から約38万km離れた場所にあって、宇宙に対して約27日周期で地球の周りを公転しています。一方、月の自転もまた約27日。つまり月の１日は地球時間の27日というわけです。ずいぶんゆっくりしています。

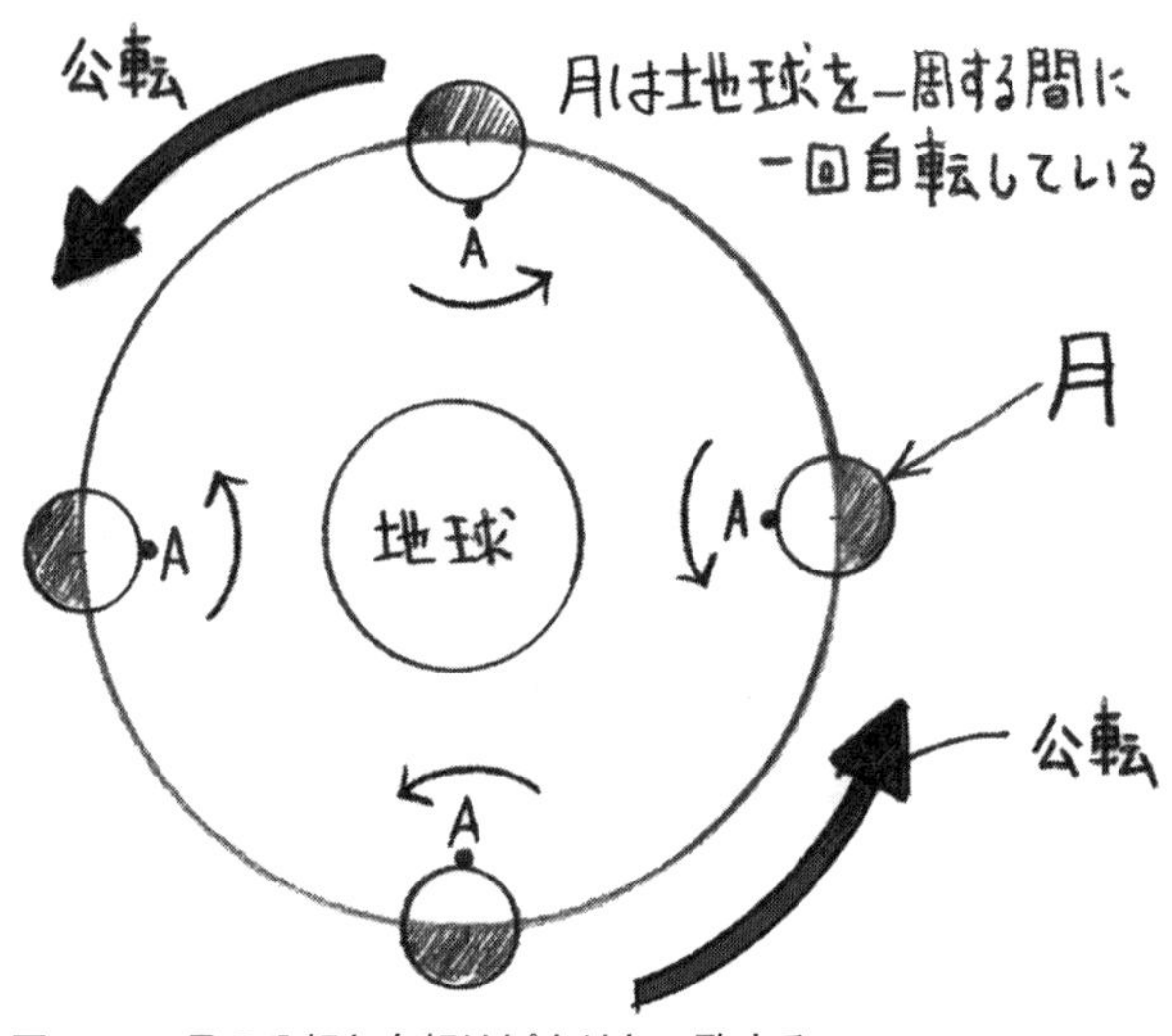

図2-8　月の公転と自転はピタリと一致する

宇宙という想像もできないスケールの中で、衛星の自転と公転周期が同じというのはできすぎではないか、偶然の一致という言葉では片づけられないと（図2-8）、なかには見えざる者の存在があるのでは……と想像をたくましくされる方もいらっしゃるかもしれませんが、実はこれは宇宙ではわりと普遍的な現象です。火星の衛星フォボスや木星のガリレオ衛星など、ほとんどすべての衛星は自転と公転周期が一致しています。これをタイダル・ロッキングと言います（図2-9）。

タイダルは「潮汐の」という意味です。

月の引力が地球に働きかけていると

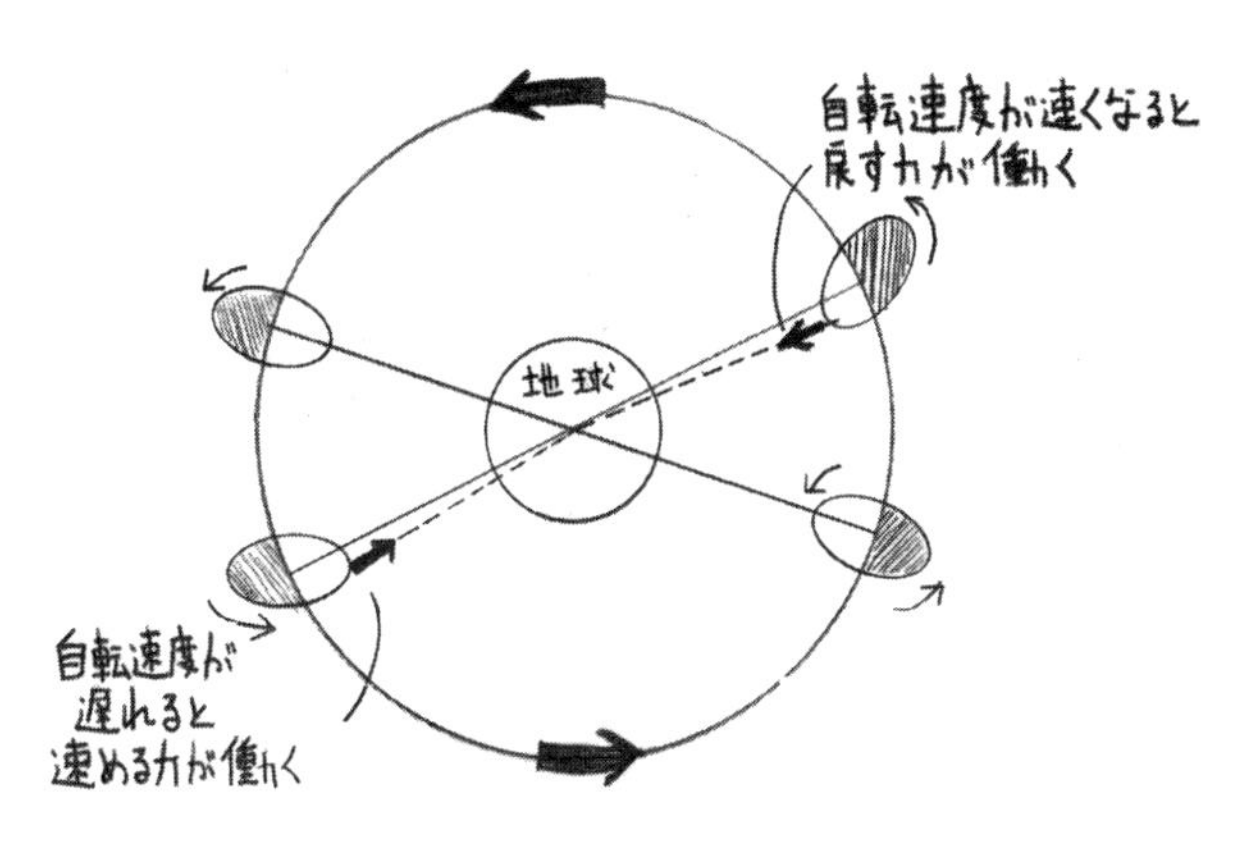

図２-９　タイダル・ロッキング

いうことは、当然地球の引力も月に働きかけているということです。しかも、月より大きい地球の引力は、より強く働きますので、月はわずかばかりながらも、地球の方向に向かって細長く伸びています。

このとき、地球に向かって伸びる軸が地球の中心からずれると、地球の引力が働いてズレを修正するので、それにより月の自転周期が調節され、長い時間をかけて公転周期と自転周期が同じになっていったのです。

このことを見ても、月と地球がお互いにおよぼす影響というのは計り知れないものがあるのがおわかりいただけると思います。

第三章

太陽系の惑星と花山天文台の歴史

惑星の条件

ここまで私たちに身近（？）な太陽と月についての興味深い話を紹介しました。ここからは私たちの地球の兄弟でもある、太陽系の惑星に目を向けてみましょう。

太陽系の惑星といえば、水金地火木土天海冥（めい）（もしくは冥海）と覚えている方も多いでしょう。この冥王星が18年前に惑星ではなくなったことをご存じの方もいるかと思います。冥王星は、２００６年までは太陽系第九惑星として位置づけられていましたが、今は新しくできた「準惑星」というカテゴリーに分類されています。

準惑星とは、字面の通り「惑星に準ずる」、つまり「惑星に近いけれども、惑星とまではいえない星」ということです。ある意味、格下げになったわけですが一体どうしてこのようなことになったのでしょうか。

念のために記しますと、冥王星の大きさが小さくなったわけでも、太陽系を回る軌道を外れたわけでもありません。

宇宙観測の進歩によって、冥王星の外側、比較的距離の近いところに冥王星と同じくらいの大きさの天体が2個、3個と見つかったため、惑星の位置づけの再検討がなされたのです。

冥王星はもともと、太陽系惑星の中でも少々変わり者でした。軌道が傾いていて、大きさがほかの惑星よりもかなり小さかったのです。どれくらい小さいかといえば、冥王星を除いた太陽系最小の惑星である水星と比べても平均半径は半分以下、実は月よりも小さいというものでした。

こうしたことから、研究者の間では「ほかの惑星とはちょっと種類が違うのでは」と思われていたところ、案の定、観測技術の向上によって冥王星ぐらいの大きさを持つ天体がたくさん見つかってきたのです。

新たに発見された星々を、冥王星基準に従って惑星とすると、一気に数が増えてしまいます。それでは問題があるので、ことの是非を、２００６年８月に開催された国際天文学連合総会という天文学者の集まりで話し合うことになり、惑星の基準をどうするかは投票で決めることになりました。

そもそもそれまで、惑星の明確な定義はありませんでした。なんともいい加減なようですが、大きさと形、軌道でなんとなく惑星だとされていました。

以降は次の条件を満たす天体のみ「惑星」とすることになったのです。

1．太陽の周りを回る軌道上にある。
2．静水圧平衡にあると推定するのに十分な質量を持つ（ほぼ球形である）。
3．その軌道近くからほかの天体を排除している（近くに同じような大きさの天体が存在しない）。

冥王星は、この三つのうちの3番目の条件を満たしていないと判断されました。

たとえば、水星も小さい惑星ですが、その軌道の近くに同じくらいの大きさの惑星は見当たりません。つまり、水星の軌道上では水星が支配的な星だということができます。

しかし、太陽から距離が離れ、軌道が大きくなるとスペースがたくさんあるので、同じくらいの規模の星が近くにあってもおかしくないようになります。冥王星ぐらい小さければ、ほかの星と共存できるのです。そうすると、「支配的」とはいえませんから、冥王星は惑星ではない、という結論になったのです。

この結果、冥王星はdwarf planetという新しいカテゴリーに属することになりました。

dwarfとは、妖精のこびとという意味です。たとえば恒星が年をとり、大気が膨張して超巨大になった赤色巨星（せきしょくきょせい）は英語でred giantといいます（太陽も70億年後にはこの赤色巨星になると考えられています）。赤色巨星に比べると小さい私たちの太陽である主系列星Main Sequence Starは、別名dwarf（日本語では矮星とも訳される）とも呼ばれます。つまり、英語的にはgiantとdwarfは対義語なのです（主系列星とは、星の一生における一つの段階にある星のことをいいます。水素による核融合反応が安定している状態で、星は一生のほとんどをこの主系列星という段階で過ごします）。

太陽系には木星や土星などのgiant planetがありますから、それに対応してdwarf planetと呼ぶことになったのかもしれません。決定を受け、日本の天文学会は委員会を開き、dwarf planetの訳語を「準惑星」とすることにしました。

ところで、会議の際にはちょっとおもしろいことがありました。アメリカの天文学者の多くが、冥王星を惑星でないとすることに反対したのです。

冥王星は１９３０年に米国の天文学者Ｃ・トンボーによって発見された星であり、数ある惑星の中で、アメリカ人が発見した唯一の惑星だったからでした。彼らにしてみれば、同じ国の先達が発見した星が格下げになるなど、受け入れがたいことだったのだと思います。科学の世界でも、お国びいきはあるものなのです。

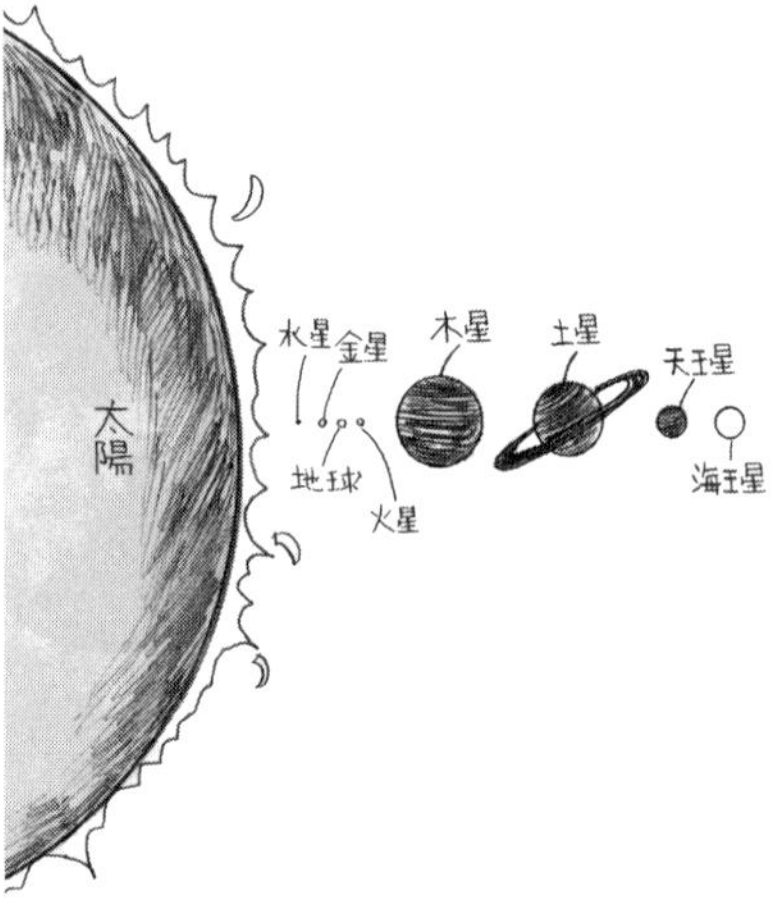

図３‐１　太陽系における主な惑星の大きさ

　冥王星が惑星ではなくなり、太陽系でもっとも小さい惑星は水星ということになりました（図３‐１）。水星といえば太陽のもっとも近くにある灼熱の惑星で、表面温度は４３０度にも達すると考えられています。

　この水星、太陽系の中での存在感はどのくらいでしょうか。私は講義の枕代わりに、学生にこんな言葉を投げかけることがあります。

「みなさんは水星を肉眼で観測したことはありますか？」

　さほど手は挙がりません。金星は見たことがある方も多いと思いますが、そういえば水星って……という感じではないでしょうか。

　それも当然で、水星は太陽に距離が近いため、日没直後や日の出直前にしか見ることができません。また金星とも見間違いやすく、大変観測しづらい星なのです。あらかじめ惑星の運行を調べ、何時何分にこのくらいのところに見えると予測しておくことが必要でしょう。

かくいう私ですが、これまでに水星を見たことは3回あります。初めて肉眼で水星を見たのは、1998年2月26日の皆既日食のときでした。

グアドループ島というカリブ海の島で私は国際学会を開きました（図3-2）。なぜそこで開催したかといえば、皆既日食が見られることがわかっていたからです。資金が乏しかったにもかかわらず、「皆既日食が見られます」といったら、76人もの研究者が世界中から集まってくれました。研究者になってもやはり、天体ショーは心躍るものがあるのです。朝日新聞の記者も取材に来てくれました。

図3-2　グアドループ島

さて当日ですが、皆既が近づくと、おどろいたこ

図３‐３　木漏れ日が三日月状に！（著者撮影）

とに木漏れ日が三日月状になります（図３‐３）。そして日が徐々に陰って空が暗くなり、皆既になったときに水星が姿を現しました。空には金星も見えましたので、水星で間違いないと思います。美しい空の星々に本当に感動してしまいました。

さて、この水星、名前とは裏腹に実はカラカラに乾いた星です。探査機から撮影された水星の表面はクレーターだらけで、一見、月にそっくりです。

なぜそうなったかというと、まず一番の理由は太陽に近いということです。表面温度は約４００度ですから、水分があっても一瞬で蒸発してしまうでしょう。そして惑星の規模が小さいので、大気を持つことができないのも大きな理由です。星を覆うベールである大気がないため、風化でクレーターが消えるということがありません。また、隕石や宇宙塵(じん)は大気圏で燃えることがないため、ぶつかる確率はぐっと高くなります。よって、表面はでこぼこになってしまうというわけです。

水星は、金星や火星に比べると、地球と似ているところがほとんどない惑星のためなのか、金星や火星ほど関心を持たれていません。

そのため、マリナー10号やメッセンジャーなどの探査機での調査以外はさほど観測も進んでいませんが、現在、宇宙航空研究開発機構（ＪＡＸＡ）と欧州宇宙機関（ＥＳＡ）による計画が進行中です。ベピコロンボ計画で水星磁気圏探査機「みお」は２０１８年に打ち上げられ、25年12月に水星周回軌道に投入される予定です。

人類にパラダイムシフトをもたらした金星

水星と間違えることの多い金星は、「明けの明星(みょうじょう)」「宵(よい)の明星」と呼ばれるとおり、非常に明るく見える星です。また、望遠鏡を使うとはっきりと満ち欠けが見えます。

この金星の満ち欠けは、ガリレオ・ガリレイが１６１０年に望遠鏡での観測によって初めて発見しました。これが地動説の論拠の一つになったのは有名な話です。

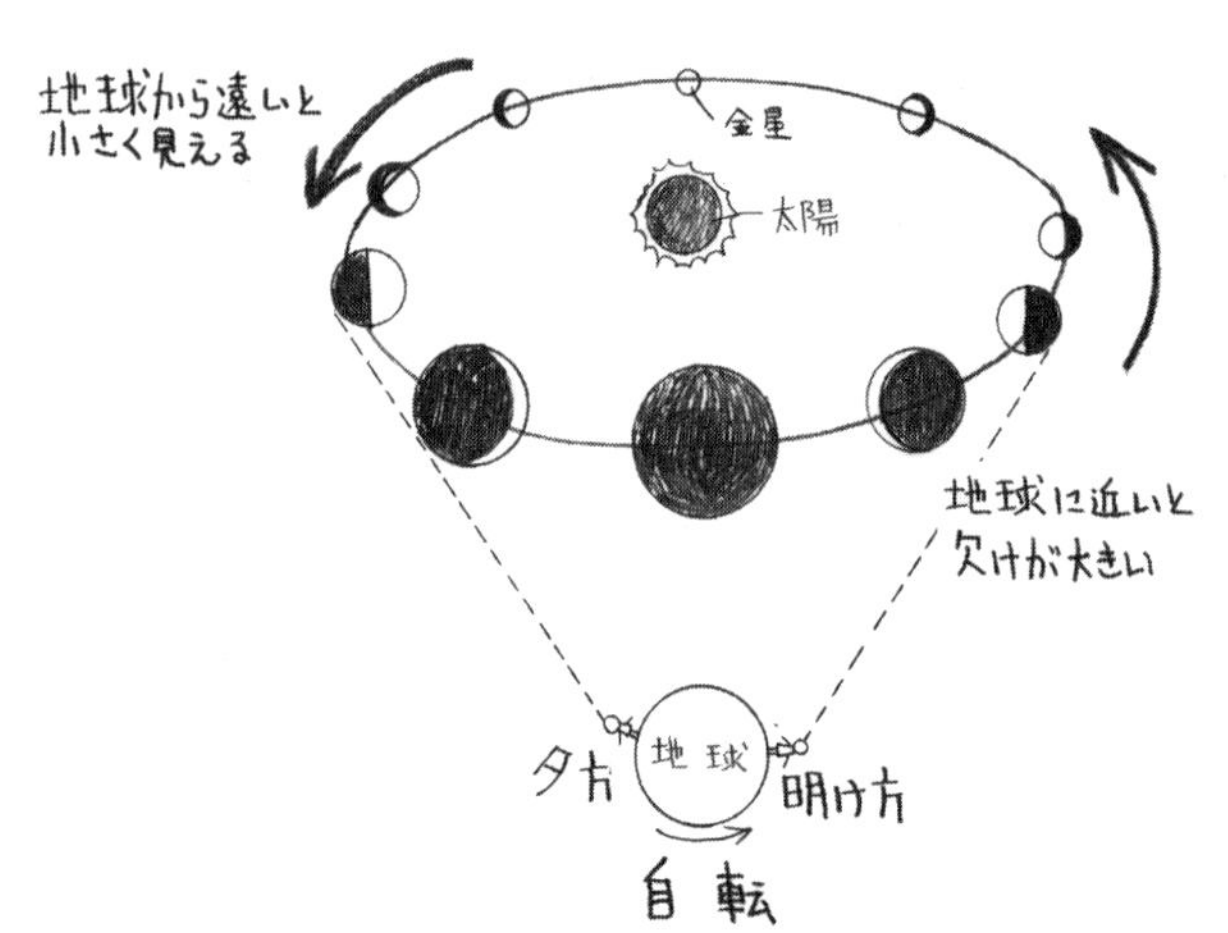

図３－４　地球、金星の位置関係

図３－４を見てください。ごらんになればわかるように、満月状のとき、金星は地球から一番遠くなります。一方、三日月のときは近いです。

これはつまり、金星は地球の内側、より太陽に近い軌道を回っていることを示しているのです。満月状のときが一番遠く、半月状が中くらいの距離、近付いて来ると後ろ側が見えて三日月になります。

こうした満ち欠けによって、人類の宇宙観に画期的な変革をもたらすきっかけになった金星ですが、20世紀になって再び新たなパラダイム・シフトをもたらすことになりました。

金星は、地球からは火星に次いで近い距離にありながらも、長らくその地表を観測する

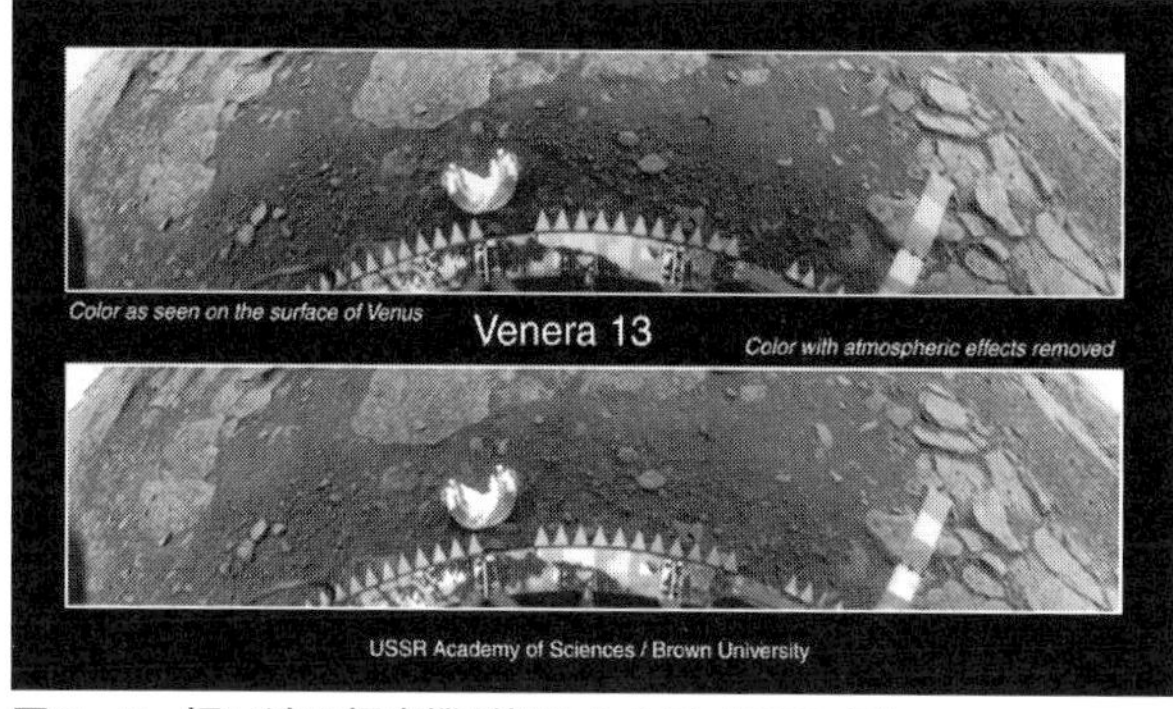

図３-５　旧ソ連の探査機が捉えた金星（1982年）

ことができないでいました。分厚い大気がすっぽりと星を覆っているからです。しかし、技術の発達によってあらゆる方法での観測が進んだ結果、さまざまなことがわかってきました。

まず、金星の地表の温度は摂氏４００度以上あり、大変強い風が吹き荒れているということ。

また金星の自転速度はなぜかかなり遅く、公転周期が約２２４日なのに対して、自転周期は約２４３日と、１年より１日の方が長いという逆転現象が起こっているほどなのですが、大気圏の風は猛烈で、最大で秒速１００ｍにもおよぶとされています（台風は非常に激しいとされるものでも秒速50ｍほどです）。

さらに、金星の大気の主成分は二酸化炭素であること、そして気圧はなんと90気圧もあることがわかりました。これは水深９００ｍの海底と同じ状態です。地上にいながら、深海と同じ程度の圧力が掛かっているわけです。また表面温度は摂氏約464度にまで達しています。まさに灼熱地獄です。

図3-5は旧ソビエト連邦の探査機ベネラ13号と14号が撮った金星地表の写真です。それにしても、気温464度、気圧90気圧という環境下、この写真を撮ったというのだから、旧ソ連の当時の技術力には感嘆するほかありません。

もし大気の成分が地球と同様であれば、いくら太陽に近いとはいえ、これほど温度は高くはなりません。地球よりちょっと暑いくらいの範囲に収まるはずです。しかし、多量の二酸化炭素がこの高温をもたらしました。温室効果により温暖化が過度に進んだ結果、べらぼうに高くなっているのです。

金星の二酸化炭素による温暖化を解明したのは、アメリカのジェームス・ハンセンという科学者です。環境問題に関心がある方なら、この名前には聞き憶(おぼ)えがあることでしょう。地球の温暖化問題を最初にいい始めた人物です。

ハンセンは日本と縁の深い人物でもあり、彼の師は京都大学出身の松島訓(まつしまさとし)博士(1923~1992)です。大学院生のときに日本に留学し、東京大学と京都大学に通っていました。

専門は、輻射輸送や放射輸送と呼ばれる分野です。簡単にいうと、光（放射）が星の大気や星間をどういうふうに伝わって来るかを研究するのですが、光を用いた天体観測においては「放射輸送」は大変重要なテーマになります。

この分野は20世紀初めごろから発展し、天体物理学の領域では主たる研究テーマになっていました。そして松島博士は、この分野において世界でもトップクラスの研究をしていました。特に、京大の放射輸送の研究は大変先進的で、松島博士はその実力を買われてヘッドハンティングされ、アメリカのアイオワ大学、その後ペンシルベニア州立大学で教授として奉職。最終的には学部長まで務め、多くの後進を育て上げられました。私より30歳くらい上の世代になるので直接お会いしたことはないものの、大変素晴らしい研究者だったと聞いています。

その松島博士がアイオワ大学にいたころ、ハンセンの指導に当たっており、ハンセンは、金星大気の温暖化問題に関する論文で博士号を取りました。そこで築いた二酸化炭素による温暖化の原理を地球に応用し、「二酸化炭素で温暖化が起こる。これは大変だ」と主張するようになった、という経緯があるのです。

後にハンセンは、アメリカの議会で温暖化の危険性を強く訴え、二酸化炭素などの温室効果ガスの排出量削減が全人類的な喫緊の課題であると主張し始めます。

以降、温暖化問題は一種のムーブメントとなり、今のＩＰＣＣ（Intergovernmental Panel on Climate Change ＝気候変動に関する政府間パネル）で「世界の温暖化問題に対する協力会議」が開かれるまでになりました。京都議定書などもその延長線上にあるといえます。

地球の気候の問題については、本来は地球物理学者の扱うテーマですが、地球温暖化に関しては、宇宙物理学者が研究の発端となったわけです。

そういう意味においても、温暖化問題の解明に関しては、私たち宇宙物理学者も携わっていくべき責任があると考えています。この問題については、章を改めて終章でも紹介したいと思います。

「火星に正月はない！」

次に私たちのお隣の星、火星に目を向けてみましょう。太陽系の中ではもっとも探査が進んでいる惑星です。

図３‐６はハッブル宇宙望遠鏡が撮った写真ですが、表面が薄く光って見えていますね。これは火星に大気があるからです。また、クレーターがあることもわかります。

ところで、火星には太陽系最大の火山があります。オリンポス山と名付けられたこの山、標高はなんと2万5000m（≒25㎞！）もあるのです。地球でもっとも高いチョモランマ（エベレスト）は標高9000m弱ですから、どれだけ高いかおわかりいただけると思います。

ここまで高い山が存在できるのは、火星が地球の40％ほどの引力しかなく、崩れにくいからです。引力が弱い理由は、ずばり火星の質量が小さいから。地球の10分の1程度しかありません。

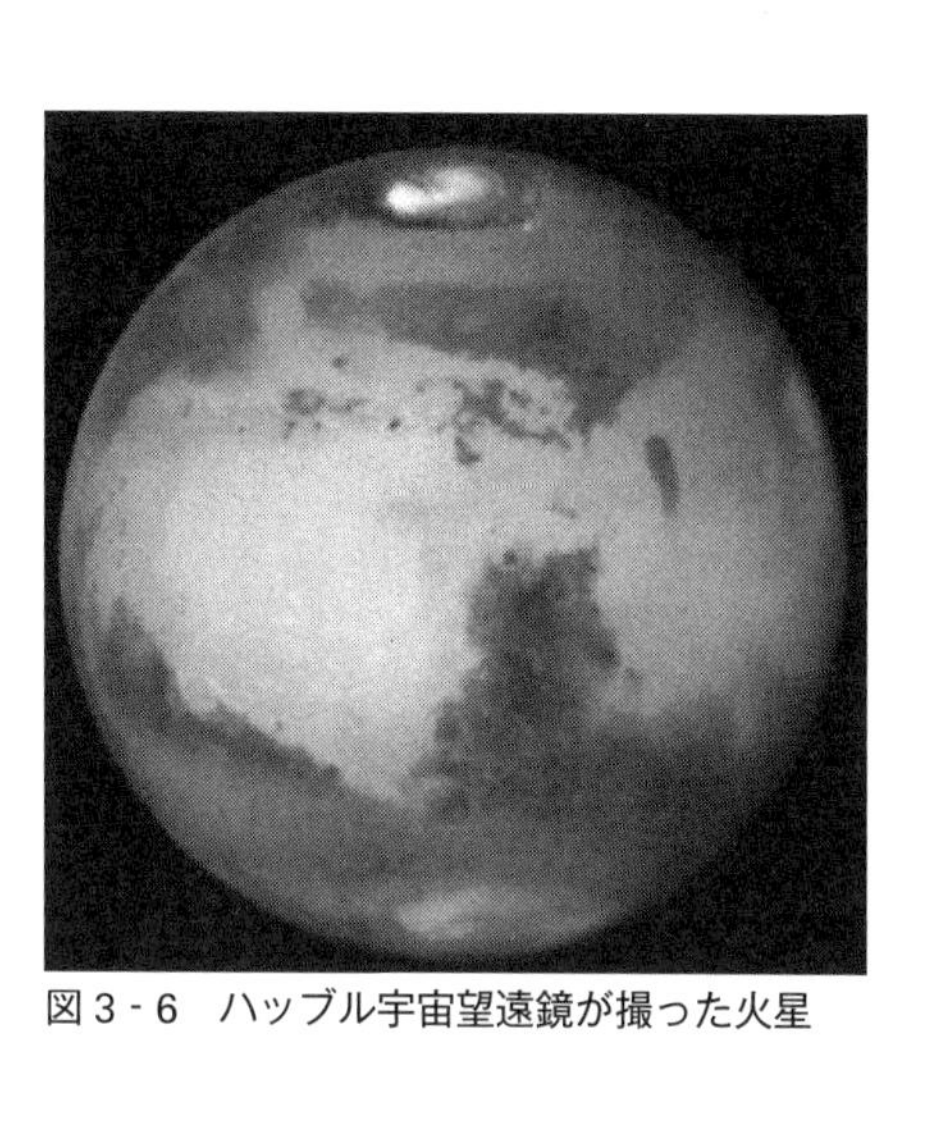
図3-6　ハッブル宇宙望遠鏡が撮った火星

さてこの火星についても、宮本正太郎博士は大きな発見をされました。火星の偏東風の存在です。この発見は、火星表面の観測スケッチが元になりました。日々の火星のスケッチの比較から模様の違いがはっきりと現れ、その原因は風だとわかったのです。この功績により、火星にある比較的大きなクレーターにMiyamotoという名前が付けられました。

ほかにも、宮本博士の学問上の功績は多々あるのですが、この人物を見出（みいだ）されたのが、日本の天文学黎明（れいめい）期に大きな役割を果たされた山本一清博士でした。第二章で紹介したように、月のクレーターの名前にもなっています。

山本博士は、旧京都帝国大学を卒業後、欧米各国に留学し、当時としては最先端の天文学を研究しておられました。そして、１９２９年に設立された花山天文台の初代台長に就任されました。

宮本博士とは直接お会いしたことはありませんが、最近奇縁があったので紹介したいと思います。

ある日、京都駅からタクシーで花山天文台に向かおうとしたところ、運転手さんが、

「花山天文台に行くのは久しぶりですよ」

と懐かしそうにおっしゃいます。お話を伺うと、なんとこの運転手さんは宮本博士の在りしとき、よくタクシーに乗せていたというのです。

その運転手さんは宮本博士の人柄を振り返りながら、博士がよく「今月のタクシー代の支払いは、少し待ってください」と、ツケでタクシーに乗っておられたことも教えてくれ

ました。あまりにもひんぱんに花山天文台にかようので、交通費も馬鹿にならなかったのでしょう。当時も今も花山天文台へのバスはなく、タクシーか自家用車を使うしかありません。

とはいえ、普通ならタクシー代をツケにはできません。博士が、皆さんから信用されていたからこそ可能だったのだと思います。今と違いおおらかな時代ではあったのでしょうが、京都の町の皆さんと天文台との絆（きずな）を感じられるエピソードとして、心に残っています。

その宮本博士のお嬢さん――といっても、お目にかかったときにはすでに60歳くらいのお年でした――がおっしゃるには、彼女が子どものころ、父親が正月にさえ家にいないので「お正月なのに、どうしてお父さんは花山天文台で観測をするの？」とたずねたところ、「火星にはお正月はないんだよ」とお答えになったとか。仕事熱心で、ユーモアあふれる方だったのでしょう。

そんなお嬢さんですが、山本博士と宮本博士の関係もよく覚えておいででした。

宮本博士は広島県の生まれで、故郷でも秀才の誉れ高く、ゆくゆくは東大の数学科に行くつもりだったそうです。ところが、山本博士の講演に大変な感銘を受け、旧制姫路高校時代ひんぱんに姫路から花山天文台に通うようになったのだそうです。

そんな宮本少年に可能性を感じた山本博士は、自ら観測の手ほどきをし、

「ぜひ京大に来なさい」

と強く勧められただけでなく、わざわざ広島の宮本家にまで出向いて、宮本博士のご両親に「息子さんをぜひ京大に進ませてあげてください」と頭を下げられたそうです。「私が必ず教授にしてみせます」とまでおっしゃったとか。

山本博士は学内学外を問わず人材を育てることに尽力されましたが、宮本博士は掘り出された原石の中でもとりわけ光り輝く存在となり、今は火星にその名を残したというわけです。

火星本体の話からは少しずれましたが、日本にもこういう研究者がいるのだということを知ってもらえればうれしく思います。

グーグルで火星旅行を

20世紀初頭にはまだ「火星の表面に運河があるか」でもめていたというのに、それから100年経った今、だれもが家にいながら望遠鏡などなくても鮮明な火星地表の画像を見

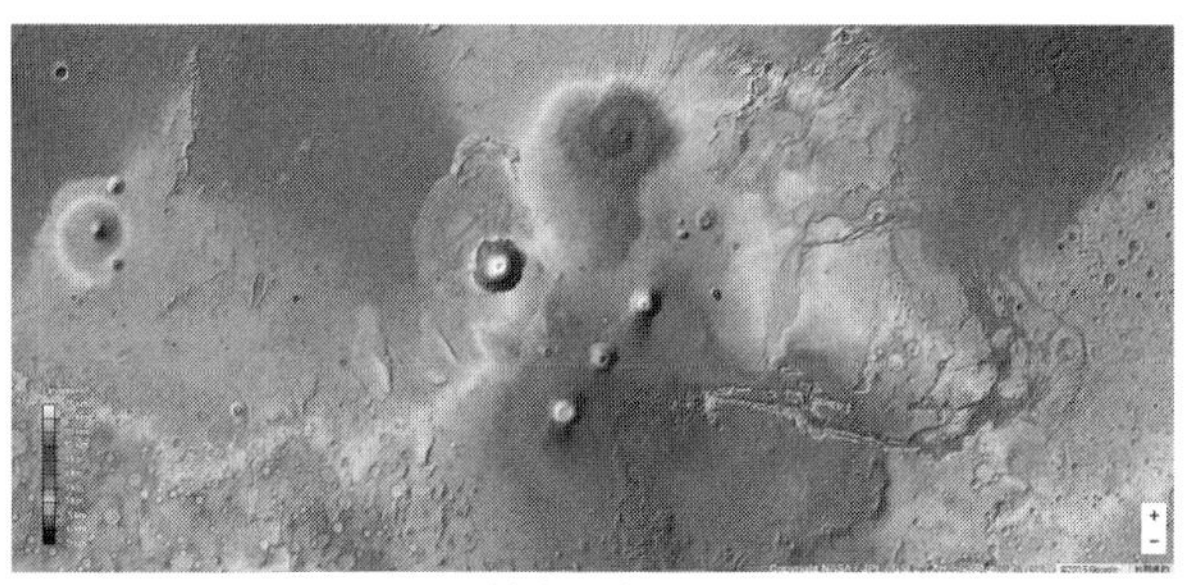
図3-7　Google Marsの拡大写真

られるようになりました。
Google Earthの火星版であるGoogle Marsが登場したのです。もちろん、地球版のように全球くまなく表示されるのではなく、画像が得られているごく一部地域しか見ることはできませんが、それでも大変興味深い事実を確認することができます（図3-7）。
まず火星の地形です。Google Marsを立ち上げると、目に飛び込んでくるのは火山のように見えるクレーターですが、少し目を移すと思わず息を呑むような地形があることに気づきます。どう見ても川と湾にしか見えない部分があるのです。
その部分を拡大表示してみると、上流部分には深い渓谷らしきものが幾筋もあり、その合間を縫って深い溝がどんどん集まっていきます。そして1本の大河になって、最終的には低地に集まっていくのです。さらに、湾のようになっている部分には三角州まで複数見えます。

この画像を見たときには本当に感動しました。かつて火星に川が流れ、海があったことを、地形が雄弁に物語っていたからです。

少し前までは火星はカラカラに乾いた星だと考えられていましたが、今ではかつて水があったこと、また極地には今も氷として残っていることを疑う研究者はいません。

さらに、火星の地表に降り立ったＮＡＳＡの探査機マーズ・パスファインダーは極めて興味深い画像を送ってきました。

それは、ある崖（がけ）の風景です。マーズ・パスファインダーは、複数回同じ地点の写真を撮っていたのですが、ある写真には1年前には存在していなかった模様が写っていました。分析の結果、それはどうやら火星の地中に埋まっていた氷が溶けて、流れ出てきた結果できた模様だということがわかりました。

このほか、マーズ・パスファインダーが撮った火星の風景には、地球の岩石砂漠とそっくりなものもありました。「サハラ砂漠の画像です」といわれたら、何の疑いもなくそう思ってしまうことでしょう。

いずれも、かつて火星がある程度、地球と似た環境だったことを示唆しています。

よって、火星にごくごく原始的な生物が、かつて生まれていたとしても不思議ではないというのが、現在ある程度共有された認識です。

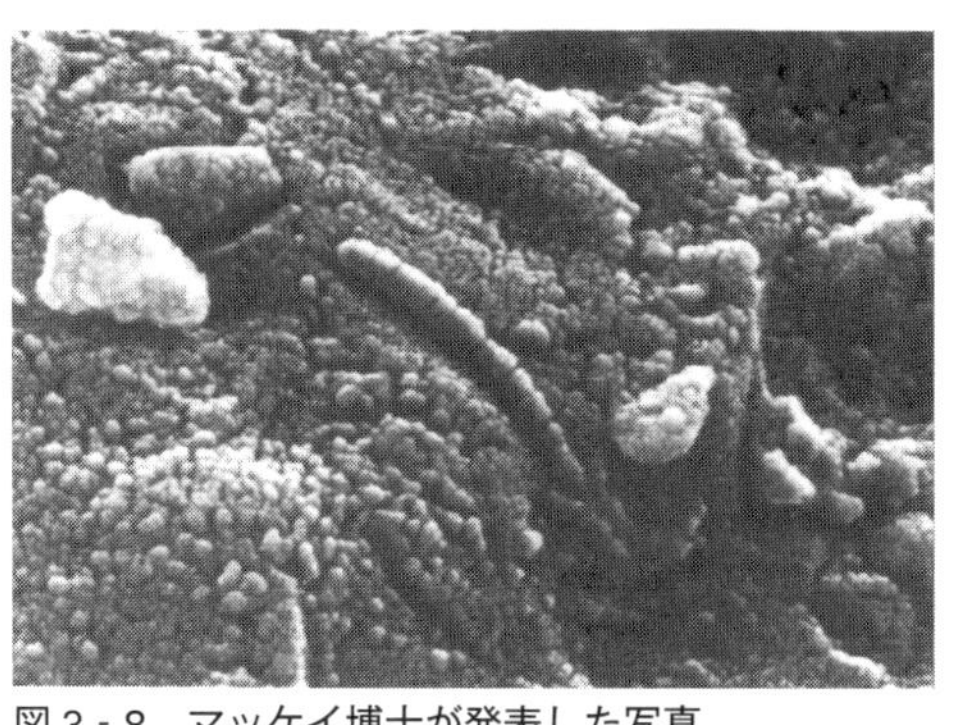

図３-８　マッケイ博士が発表した写真

この件に関して、少々興味深い報告があります。

実は、地球に落ちてくる隕石の中には、火星から飛んで来るものもあるのですが、そのうち、１９８４年に南極で採取された隕石を電子顕微鏡で調べたところ、微生物の痕跡のようなものが見つかったとする論文「Search for Past Life on Mars: Possible Relic Biogenic Activity in Martian Meteorite ALH84001（火星における過去の生物の探索：火星の隕石に生物活動の遺物）」が、雑誌「Science」に発表されました。発表者はＮＡＳＡのデイヴィッド・マッケイ博士です。

論文に掲載された写真には、確かに微小なバクテリアのように見える模様が写っていたので、学術関係だけでなく、一般のメディアも報道するほどのビッグニュースになりました。図3-8には論文中の写真ではなく、記者発表のときに公表された有名な写真を掲載しました。

南極に火星から飛んできた隕石がたくさん落ちているという事実だけでも驚きですが、そこに生物痕があるとは！

にわかに鵜呑みにはできない話なので、その隕石が本当に火星から飛んで来たものなのか、そもそも隕石はどういう軌道で飛来したのか、さらにはその中に生物がいたとして、無事に地球に着陸できるのかなど、さまざまな問題が真剣に検討されました。

もし隕石に生物が潜んでいたとしても、落下の際、大変な加熱を受けて死んでしまうはずです。よって痕跡が残るはずなどないではないか、という意見に対しては、石の奥深くに棲んでいれば大丈夫かもしれないという説が出されるなど、ありとあらゆるケースが検討されました。

そして、慎重に議論を重ねた結果、最終的には「これが本当にバクテリアなのかは判断できない」という結論に達しました。たしかにバクテリアっぽくはあるけれども、この写真だけでは証拠としては弱いというわけです。

よって、マーズ・パスファインダーのミッションには、生物痕を探すという項目が当然入っています。今のところ未発見ですが、いずれ見つかる可能性は十二分にあります。火星人は無理だとしても、火星生物の存在はもはやＳＦではなく、科学が取り扱う問題になっているのです。

地球外生命体はどこに？

火星生物の探査が進められている一方で、地球外生命体の探査で今もっともホットな星はどこだと思いますか。

それは惑星ではなく、木星の衛星です。

木星は巨大な惑星で、地球の11倍ほどもあり、大きさは太陽系惑星の中でダントツの1位です。衛星も多く、現在発見されているだけで72個が確認されています。そのなかで代表選手はなんといってもガリレオが見つけた4大衛星、イオ、ガニメデ、エウロパ、カリストです。

そしてエウロパやカリストには水が残存していることがわかっています。もっとも、太陽からずいぶんと離れ

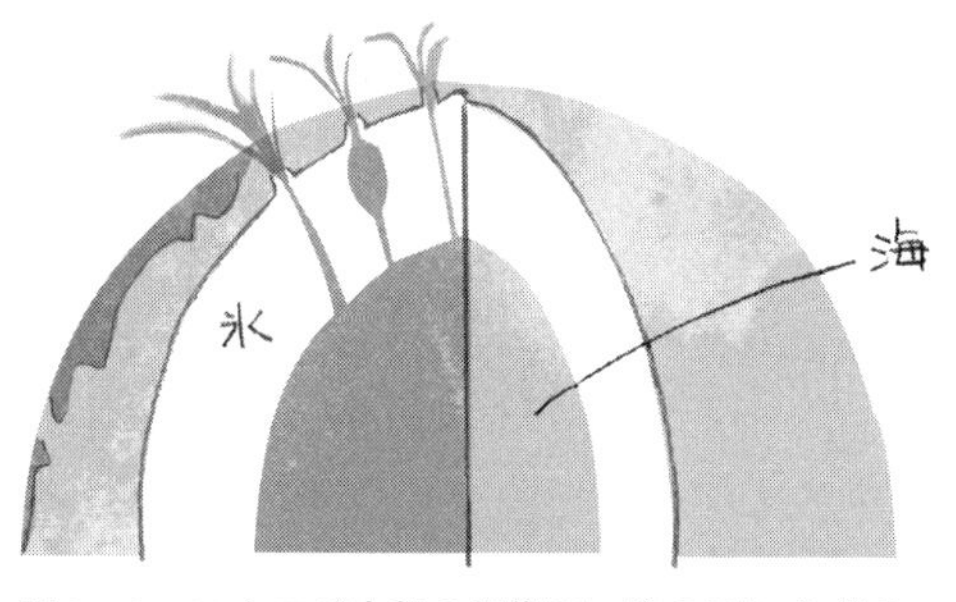

図３-９　エウロパ内部の想像図。氷の下に水が？

ていますから、水はすべて氷になります。つまり、エウロパやカリストは氷で覆われた星になっているというわけです。

ただしエウロパには、どうやら水が液体として存在しているようです（図3-9）。水があるのは厚い氷の下。これまた潮汐力の影響で、氷が溶けて、水になってしまっていると見られています。その証拠の一つが、エウロパの表面の氷に入っているヒビです。このヒビは氷の下で流れている海流によってできていると考えられています。

海が存在する、月と同じぐらいの大きさの星！

そのようなものが見つかったのですから、地球外生命体を研究する人々が注目しないはずがありません。現在、エウロパの海は、地球以外で生命体が存在する、もっとも有力な候補の一つとなっています。

では、もう一つのカリストはというと、今のところ内部はよくわかっていません。さらにその外側のガニメデもカリストと似たような感じですが、大きさはもっと大きく、太陽系最大の衛星として知られています。

これらの衛星も、調査が進めばおそらく私たちの「常識」を覆すような何かが見つかることでしょう。

メタンで生きる生物？

もう一つ、注目を集めている衛星があります。今度は木星ではなく、土星の衛星で、タイタンという星です。

タイタンには金星のように厚い大気の層があることは知られていました。しかし、その厚い大気が視界を妨げ、地表がどうなっているかを知るすべはありませんでした。

１９９７年に欧米各国の共同運営で打ち上げられた探査機カッシーニが、土星上空からさまざまなデータと映像を取得、さらにはカッシーニが運んでいった地表探査機ホイヘンスのタイタン地表への投下に成功し、鮮明な地表の映像が撮影されました（図３-10）。

そこには驚くべきものが写っていたのです。

タイタンの風景は、地球に極めて似ていました。山があり、液体が流れる川があり、川は海につながっていました。

そして、ホイヘンスが降り立った場所には、丸く角が取れた石のような物があちこちに転がっていました。その正体は石ではなくメタンの氷だと見られていますが、川原の石のような形になっているということは、氷が液体の流れによって研磨されたことを示しています。

つまり、タイタンは、地球以外で液体の存在が明確に確認された数少ない天体の一つなのです。

ただし、タイタンの川や海を満たすのは水ではなく、メタンです。メタンは炭素と水素が化合した物質。最近のニュースで耳にする方も多いのではないでしょうか。アメリカやロシアなどで天然ガスとして地下から噴出が相次ぎ、石油に代わる新しいエネルギー源とも目されています。

そのメタンが水のように、雲となり、雨となって地表に降り、流れたり溜まったりして地形を形成し、また蒸発して雲になるという循環を形作っているというわけです。

これらの観測結果から、タイタンにはタイタンの環境、つまり液体メタンで生存する生物がいるかもしれないと考える研究者が出てきました。論文もすでに出ています。メタンで生きる生物なんて、と思われるかもしれませんが、これは突飛過ぎるアイデアではありません。地球と異なる環境下にある場所で、地球型生物とはまったく異なる進化の過程を経てきた生物がいてもおかしくありません。今後の探求に大きな期待が寄せられています。

土星には生命の存在が期待されている衛星がほかにもあります。第二衛星のエンケラドゥスです。

図3-10　タイタンの表面写真

この衛星もまた、表面は氷で覆われているのですが、水蒸気でできた薄い大気圏があることがわかりました。これは、かなり奇妙なことでした。エンケラドゥスは重力が小さいので、本来であれば気体はすぐに宇宙に逃げていくはずです。それなのに、薄いとはいえ大気として残っているということは、常に新しい水蒸気が供給されているはずです。

探査機カッシーニによって、エンケラドゥス地表の観測を行ったところ、南極部分にひび割れが発見されました。そのひび割れから、噴水のようになって水が噴き出していたのです。それはつまり、氷の下には大量の水があることを示しています。こちらはメタンではなく、純然たる「水」です。

地球の生命誕生に欠かせなかった海と同じような液体溜まりが、氷の下にあるかもしれない——俄然（がぜん）、原始生命体存在の可能性が高まりました。もし、エンケラドゥスから出ている水蒸気を採取できれば、その成分を調べることで生命の有無が確認できます。

今後、土星の衛星はかなり注目を集めていくことでしょう。

彗星が生まれる不思議な雲

太陽系には惑星や衛星以外にも星があります。彗星（すいせい）です。

ハレー彗星などはとても有名ですし、１９９７年にとてもよい条件で観測することができたヘール・ボップ彗星も、皆さんがよく知るところでしょう。

図３-11はヘール・ボップ彗星が地球に近づいたときの写真ですが、光る核から二つの尻尾（しっぽ）が伸びていることがわかります。長い方がダスト・テイル、短い方がイオン・テイルと呼ばれるものですが、なぜ違う方向に尻尾が伸びるのでしょうか。

図３－11　ヘール・ボップ彗星の２つの尾（NASA）

それは、ダスト・テイルの主成分が塵（ちり）であるのに対し、イオン・テイルはプラズマでできているからです。プラズマは磁場や電場に影響を受けます。ですから、太陽に近づくと同じくプラズマの流れである太陽風や、そこに発生する磁場の作用によって向きが変化し、まっすぐ伸びる尾となります。

一方、ダスト・テイルは塵が主成分なので、太陽風の影響は受けません。

よって、二つの尾が異なる方向に伸びるという現象が発生するというわけです。場合によっては、二つの尾がまったく反対方向に見えるときもあります（図３－11）。

これはヘール・ボップ彗星だけではなく、ほかの彗星でも見られる現象です。もし、今度地球から観測できる彗星がやってきた場合、二つの尾に注目してみてください。

ところで、彗星は惑星などと同じく、太陽を定期的に周回する星であることはご存じのことと思います。その軌道は一般的に細長い楕円形で、周期は数年から数百年とまちまちです。たとえば、ハレー彗星は約76年ですが、ヘール・ボップ彗星は軌道計算の結果、3000年以上ではないかと見られています。

図3-12　ヤン・オールト

また、2012年に大彗星の到来との期待を抱かせながら、近日点（天体の軌道でもっとも太陽に近づくポイント）周辺に到達するや崩壊してしまったアイソン彗星のように、太陽に近づいた時点でなくなってしまうものもあります。

では、こうした彗星はどこからやってくるのでしょうか。

その疑問に対して仮説を打ち立てたのが、ケネス・エッジワースとジェラルド・カイパー、そしてヤン・オールト（図3-12）の3人でした。

エッジワースとカイパーが提唱したのは、比較的周期が短い彗星たちの故郷であるエッジワース・カイパーベルトと呼ばれる領域、そしてヤン・オールトが想定したのは数百年以上の軌道周期を持つ彗星たちのゆりかごともいえるオールト・クラウド（オールトの雲）でした（図3-13）。

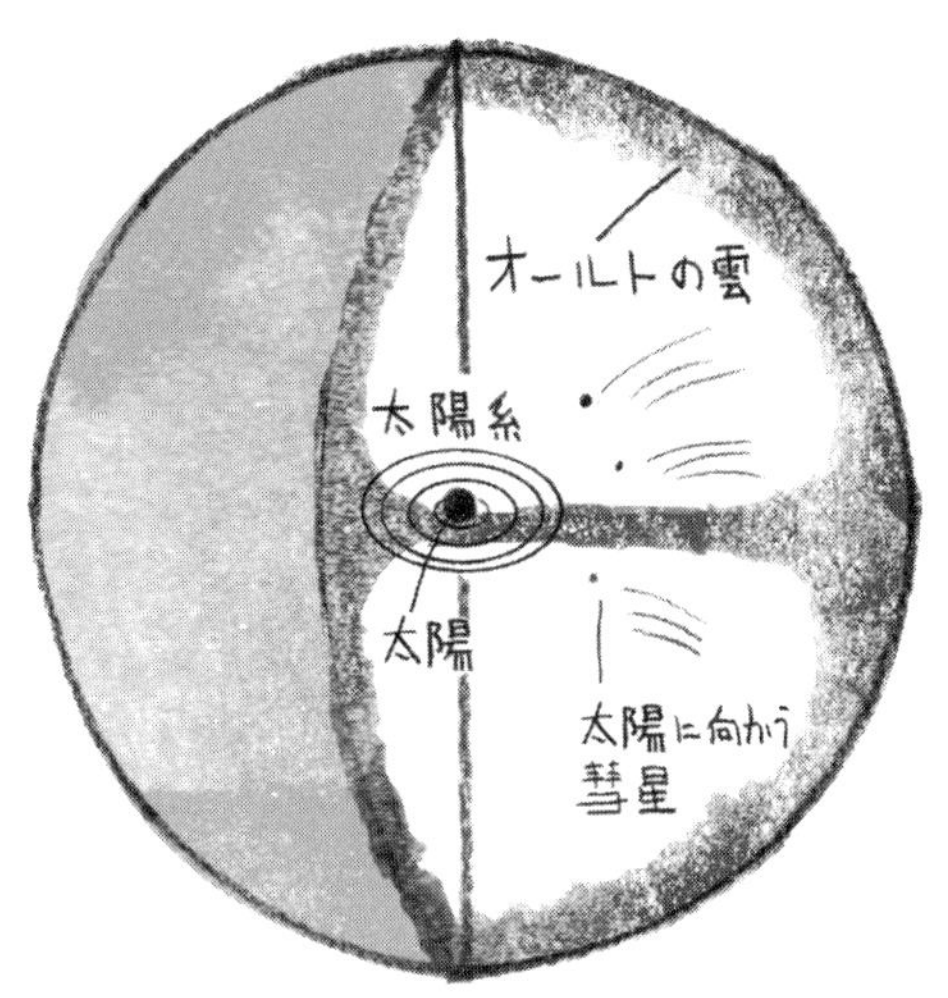

図3-13　彗星が誕生すると考えられている場所、オールトの雲

どちらも氷を主体とした小天体がたくさん浮かんでいる場所で、エッジワース・カイパーベルトは海王星の外側に広がる小惑星などの天体が多くある地帯、オールトの雲はそのさらに外側、だいたい1万天文単位～10万天文単位（1天文単位＝地球と太陽間の距離＝約1億5000万㎞）の間に広がっているのではないかと見られています。このオールトの雲が、太陽系の最外縁に

あたるというのが大方の見解です。

ただし、冥王星騒動で紹介したとおり、あらたな準惑星や小天体が次々に発見されているエッジワース・カイパーベルトと違い、オールトの雲は観測で確認できたわけではありません。多くの研究者に受け入れられている仮説です。

さて惑星に関して余談になりますが、20年6月にうれしいニュースがありました。

火星と木星の間を回っている小惑星に「Shibatakazunari」という名前が付けられたのです。直径４・８㎞という非常に小さな惑星で、軌道はやや傾いています。この惑星は１９９６年に北海道のアマチュア天文家の円館金さんと渡辺和郎さんが発見したものです。小惑星の発見者は名前を提案できるのですが、長年、名前の候補を探していたところ、お二人が所属するアマチュア天文家の団体「東亜天文学会」が２０１９年６月に、私の名前を国際天文学連合（ＩＡＵ）に推薦して下さったおかげで上記の名前が認められました。惑星につけられた番号は１９３１３です。ちなみに次の１９３１４は「Nakamuratetsu」と名付けられています。医師で、アフガニスタンの平和活動に尽力された中村哲さんですね。

私の孫たちの世代には、私の名前が付いた惑星に資源探査に行くようになるかもしれない……などと想像しています。

超新星を証明した藤原定家の「明月記」

ところで、オールトの雲の提唱者であるヤン・オールトは日本と縁がある人物です。京都賞（科学や文明の発展、また人類の精神的深化・高揚に著しく貢献した人の功績を讃える国際賞）の宇宙地球科学部門を最初に受賞したのが、彼なのです。

1987年のことです。その授賞式のために来日した際、オールトがどうしても見たいと願ったのが、「明月記」という日本の古文書でした。

明月記とは、平安時代末期から鎌倉時代初期の貴族で、小倉百人一首の選者でもある藤原定家が19歳から80歳に至るまで書き続けたという日記です（現存するのは74歳まで）。現代オランダの天文学者と平安時代の歌人、これほどかけ離れた存在もなさそうなものですが、明月記のとある記録が2人を結びつけました。

後冷泉院、天喜二年四月中旬以後丑時
客星觜参の度に出ず、東方に見え、天関星に孛す
大きさ歳星の如し

〈後冷泉院の時代、天喜二年四月中旬以後のある日、丑の時〈午前一時から三時ごろ〉に觜参の度〈オリオン座のあたり〉に客星〈一時的に現れる星〉が出た。觜参の東の方に見え、天関星〈おうし座ゼータ星〉の側で輝いた。その大きさは歳星〈木星〉のようだった〉

この記録は、1054年に起こった超新星爆発の観測記録であり、オールトの研究に大きな意味を持っていました。

20世紀の初めごろのことです。オールトをはじめとする天文学者たちは、かに星雲の不思議な膨張に気づきました。かに星雲はなんと秒速1000km（時速360万km）という猛スピードで膨張していたのです。大きさから逆算すると、1000年ほど前に爆発したと考えられました。

それで欧米の天文学者は、1000年ほど前にかに星雲の場所で、突然星が出現した記録はないかと古い文献を探しました。しかし残念なことに、欧米の古文書をいくら探してもそのような記録は見つかりませんでした。

ここで新星、超新星について少し触れておきます。名前から想起すると新しい星が生まれたようでややこしいのですが、実はどちらも星の老齢期あるいは最後、命が果てる前の姿です。天文学・宇宙物理学の理論研究が発展し、当時から太陽より10倍くらい重い星は、寿命がつきると最後に大爆発を起こすことが理論的にわかってきていました。その大爆発のことを超新星爆発といいます。

新星とは、白色矮星（はくしょくわいせい）（太陽くらいの重さの星が進化し、その最終段階における高密度星）の表面で起きる爆発現象のことです。超新星の「超」は、新星より格段に明るい、という意味です。どちらも決して「新しく生まれた」ということではありません。

どのくらい明るいかといえば、新星はそれまでの明るさの何百倍～何百万倍にもなり、超新星は、新星のさらに1万倍以上明るくなるもので、星全体が吹っ飛ぶほどの大爆発です。

超新星がなければ、我々は宇宙の中で生まれることはできません。というのは、我々の体を作っている様々な元素（鉄、炭素、窒素、酸素など）は、みな星の中で作られたからです。超新星爆発が起きてはじめて、これらの元素が宇宙空間にばらまかれ、それが集まって惑星や私たち生命が誕生したのです。20世紀前半、そういう壮大な物語が理論的な仮説として提唱され始めていました。したがって、超新星が確かに宇宙で起きていることを実証できれば、天文学の大きな前進になります。天文学どころか、私たちがなぜ生まれたのか？　という哲学的な問いに対する一つの解答を与えてくれることにもなります。

話を20世紀の初めごろに戻しましょう。

ヨーロッパの文献から1000年ほどの前の超新星爆発の記録は見つかりませんでしたが、意外なところから吉報がやってきます。中国で、1054年に客星が現れたという記録が見つかったのです。とはいえ、中国の記録一つだけでは信頼性に乏しく、客星はどれくらいの明るさだったのかもわからない、ということで、かに星雲が本当に超新星の残骸（ざんがい）かどうかを確定することができませんでした。

そんな折、日本のアマチュア天文家から、こんな情報が英文で紹介されました。

「明月記の中に、『1054年に客星出現。明るさ歳星（木星）のごとし』という一文がある」

1934年、紹介したのは射場保昭（いばやすあき）氏という人物です。欧米の天文学者たちは、この明月記の客星の明るさの記述から、これは新星ではなく超新星であると確信したのです。

中国と日本の記録を総合して、オールト博士らは、「かに星雲は1054年に発生した超新星の残骸である」という論文を書いたのです。1942年のことでした。天文学の歴史の中で、ついに超新星という新しい概念が確立したのです。

謎に包まれた昭和のアマチュア天文家

この顚末は、日本人の天文学者の中では比較的よく知られていました。私も大学生のころに、超新星という天文学上重要な事項を学んだときに、日本の国宝の明月記のおかげで、世界の天文学が大きく発展したということを知り、大いに誇りに思ったものです。

一方で、この記念すべき吉報をもたらしたアマチュア天文家、射場保昭氏についてはこれまで謎につつまれていました。

2010年6月、京大名誉教授の竹本修三(たけもとしゅうぞう)先生（地球物理学）が、私に次のようなメールを送って来られました。

「明月記を英文で紹介した日本人はだれだろうかということが話題になり、たまたまそのころ、研究会のときに柴田さんから、『それは射場保昭氏である』というお話をお聞きしました。そこで、いろいろ調べてみましたが、その経緯は添付ファイルに書きました。ここまではわかったのですが、射場氏の生年、没年や本職は何をやっておられた方かについては、依然不明です」

この経緯を竹本先生がある冊子で報告され、その原稿をホームページにアップされておられたところ、驚くべきことが起きました。

２０１２年5月8日、竹本先生からのメールです。

「射場保昭氏に関するビッグ・ニュースです。氏の二男（満家氏、当時76歳）がご健在だということが最近わかりました」

射場保昭氏の二男の射場満家氏が、インターネットを検索中に竹本先生の原稿を読み、

「私は射場保昭の二男です……」というメールを竹本先生に送って来たというのです。

連絡を受けて、私は竹本先生といっしょに満家氏にお会いしました。それで一気に射場保昭氏の素顔や生没年（１８９４～１９５７）、本職（肥料輸入商）などが明らかになりました。

しかも、興味深いことに、射場保昭氏は、先ほど紹介した京大花山天文台の初代台長である山本一清博士とも親交があり、山本博士の影響を受けていたことが明らかになりました。

山本博士は、日本人で初めて国際天文学連合の委員会の委員長として国際的に活躍する

だけでなく、多くのアマチュア天文家を育てたことで知られています。そのアマチュア天文家育成の結果として、明月記の記録が世界に知られるようになり、最先端の天文学の発展に貢献したのです。なんと不思議なめぐり合わせでしょうか。

２０１５年９月には、京都大学総合博物館において「明月記と最新宇宙像」と題した特別展が開催されました。私は展示委員会の委員長を務めたのですが、近年明らかになった射場保昭氏や山本一清博士をめぐるパイオニアたちの交流や新発見の資料などを、最新の天文学の成果と共に紹介できるよう、努めました。その際、明月記を所蔵している定家の子孫の冷泉(れいぜい)貴実子(きみこ)さんと夫の為人(ためひと)さんご夫婦の厚意により、めったに直接見ることのできない国宝、明月記の原本の展示も実現し、多くの来場者が見入っていました。

世界も讃える明月記

２０１４年６月21日、私はイギリスのグリニッジ天文台を見学してきました（図３-14）。グリニッジ天文台は、ご存じのように、経度０の基準、世界時の基準となる、世界でもっとも有名な天文台です。ところが、研究の第一線からしりぞいているらしいのです。今はどうなっているのだろう？　というのが私の関心事でした。

図3-14　グリニッジ天文台（著者撮影）

調べると、博物館・市民天文台として多くの観光客がやってくる観光名所となっているようでした。花山天文台の未来を考えるためには、ぜひとも見学・視察してその運営のやり方を参考にできたら、と思い訪れることにしました。

グリニッジ天文台は小高い丘の上にあります。ロンドンの街の眺めが素晴らしかったのが思い出されます。入場料は7ポンド（当時約1200円）でした。

入ってすぐのところで人々が並んでいるのでなにがあるのだろう？　と、たどっていくと、prime meridian（経度0の線＝本初子午線）が地面に描いてあり、本初子午線記念碑の前で、子午線をまたいで写真を撮るのを人々が待っていました。

ミュージアムでは、天文学の歴史の展示コーナー、1054年のところにこんな記述がありました。

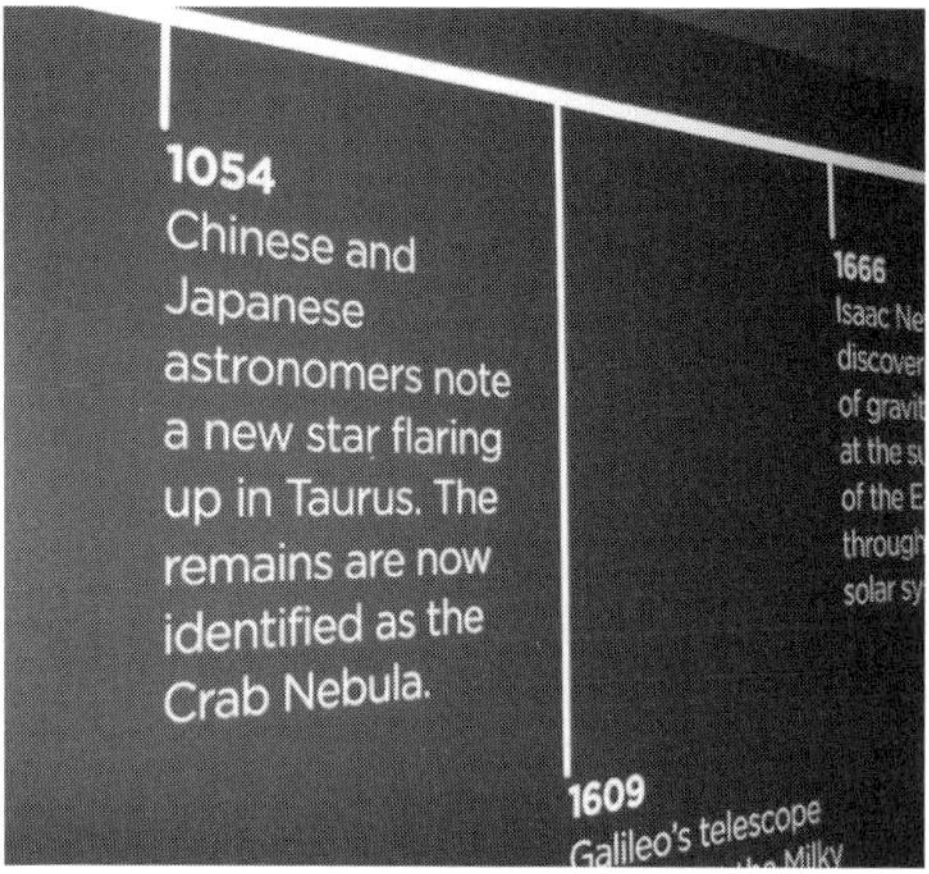

1054 Chinese and Japanese astronomers note a new star flaring up in Taurus.
The remains are now identified as the Crab Nebula.
（1054年　中国と日本の天文学者がおうし座に新たに光る星を観測。この残骸が現在のかに星雲と同定される）

図3-15　グリニッジ天文台にあった明月記についての記述

私は感激しました。図3-15の写真をごらんください。（ちょっと切れてしまっていますが）右隣が、「1609年　ガリレイが望遠鏡で天の川を観測。星の集団であることを発見」、そのさらに右が「1666年　ニュートンが万有引力の法則を発見」です。1000年間に10項目くらいしかない世界の天文学の歴史の一項目に明月記の記録が引用されているのです（図3-15）。

世界遺産のグリニッジ天文台の博物館に、世界の天文学の歴史の10大発見の一つとして展示されているとは！　英国天文学界の見識に感心するとともに、大感激でした。

ブライアン・メイ博士との邂逅

私が台長をつとめていた京大花山天文台は、グリニッジ天文台と同じように最新天文観測所としての使命を終え、予算不足のため閉鎖が取りざたされています。しかし、花山天文台は山本一清初代天文台長の天文学普及への尋常ならざる活躍のおかげで、「日本のアマチュア天文学の発祥の地」としての歴史的価値があることに加え、現存している建物は昭和初期の貴重な建築であり、京大の建築学の先生たちからも保存を切望されています。

また、望遠鏡は古いですが眼視観測にはいまだに素晴らしい性能を発揮する歴史的望遠鏡です。

これらを毎日でも市民の方々、とりわけ子どもたちに見てもらいたいと、私は花山宇宙科学館構想を練り、助成金を集めるために日本中を駆け回っています。「目指せ！　第二のグリニッジ天文台」というわけです。

花山天文台を1年運営するのにかかる費用は約１０００万円。ほとんどが人件費です。京都大学の天文台の運営費は、後述する岡山天文台と飛騨天文台でほとんど使われてしまうため、花山天文台は資金が足りません。現在、なんとか寄付金で賄っている状況です。大きな支えになってくれたのは、香川県のクレーンの会社、タダノさん。当時社長を務めていた多田野宏一さんにより、同社の社会貢献事業の一環で２０２８年までは運営できそうなめどが立ったのですが、その後は未知数です。

花山天文台を存続させるための一環で、20年には世界的ロックバンド、クイーンのギタリストであるブライアン・メイさんが天文台に来るという奇跡が起きました。

ご存じの方もいるかと思いますが、メイさんは偉大なミュージシャンであると同時に、博士号を持つ天文学者でもあります。

そのメイさんに花山天文台に来てもらえたら注目度も高まり、応援してくれる人が増えるのではないかと考えたのでした。アイディアをくれたのは京大理学部のときに同級生だった岡村勝(おかむらまさる)くんです。

17年ごろ、岡村君からその話を聞いたとき、恥ずかしながら私はブライアン・メイさんのことを知らず、完全にスルーしていました。そのまま放置してしまったのですが、18年に映画「ボヘミアン・ラプソディ」が大ヒット。私の家族も観に行って我が家ではその話でもちきりです。そのときに岡村くんのアイディアを思い出したのでした。

調べてみると、メイさんが宇宙に向ける関心は並々ならぬものがありました。音楽活動をしながら06年に研究の道に戻ったメイさんは、07年に黄道光(こうどうこう)の研究で博士号を取得しています。

黄道とは太陽が通る道のことで、黄道光とは太陽が通った後に光る道筋のこと。日没後、あるいは夜明け前に淡く光るのですが、これはよほど観測条件がよくないと見えません。京都の街中ではまず無理で、私も人生で一度も見たことがありません。

太陽の通った後がなぜ光るのか、その正体は非常に小さな個体微粒子、塵(ちり)です。いいかえると、地球軌道上にある地球が残した塵や小惑星の破片などが光っている、というわけです。

実は花山天文台の初代台長、山本博士は、黄道光の専門家でした。1935～38年にI

ＡＵの黄道光委員会の委員長を務められました。日本人としては初めてのＩＡＵの委員長です。

その黄道光をブライアン・メイさんは研究されていた、というわけです。この博士論文は出版されて本になっていて、ウェブ上でも見ることができます。メイさんはカナリア諸島という島の３０００ｍ級の山の上で観測して研究したそうです。

「まえがき」は指導教員のマイケル・ローラン・ロビンソンが書いているのですが、気が利いています。

「博士論文研究を始めてから完成して論文ができるまで37年間で、これはもう世界の中でも最長記録だろう」

それにしても60歳近くになって大学院に戻り、研究を続けたというメイさんのその熱意には頭が下がります。

また19年1月には冥王星などを探査するＮＡＳＡの無人探査機の打ち上げに合わせて、20年ぶりとなるソロ楽曲「New Horizons」をリリース。私はそれを聴いて、天文学への深い愛情を感じました。

メイさんのスケジュールを調べてみると、20年1月に大阪公演で来る予定です。このときになんとか花山天文台に寄ってもらえないだろうか……。

さっそく研究者のつてをたどり、メイ博士のメールアドレスを手に入れ、メールを送ってみました。

「花山天文台は古いのですが、教育普及には非常に価値があるのでぜひ残したいと思っています。音楽家の喜多郎さんが毎年応援コンサートをやってくれているので、ぜひブライアン・メイさんも一緒に応援コンサートをやっていただけるとうれしいです」

こんな内容でした。周囲の人からは大胆すぎる、空気を読まなすぎるといわれるのですが、同じ天文学者です。思いの丈を率直に書きました。

すると一週間ほどで返事が届いたのです。

「今回日本に行くときは予定が詰まっているのでコンサートはできない。ただ何らかの形で応援はしたい。あとは秘書とやりとりしてほしい」

そう書かれ、秘書の方の連絡先が記されていました。私は感激しました。ところがその後、何度か秘書の方に連絡したのですが応答がありません。

「いつ来られますか。こちらはいつでも合わせます」

「私自身もメイさんのコンサートのチケットを手に入れました」

などなどと重ねてメールしました。来日の日程は刻々と迫ってきています。

年が明けた20年1月19日、私はこんなメールを送りました。

「花山天文台の初代台長の山本一清博士は、ブライアン・メイさんと同じ黄道光を研究しており、国際天文学会の黄道光委員会の委員長も務めました。そういったゆかりもある天文台です。ぜひ来ていただけませんか」

すると23日に返事が来たのです！　27日の夕方なら来られる、と書いてありました。そこからはもうあっという間でした。私一人では対応が難しいので5人くらいの友人に連絡したのですが、最終的には30人ほどが集まりました。

当日は夢心地でした。メイさんの研究でも使われているスペクトル分光器など施設内を案内し、45㎝屈接望遠鏡には「Forever」のサインをいただきました（図3-16、3-17）。

「メイさんがサインを書いたら大学当局は花山天文台を取り壊せなくなるので」

と私がその理由を述べたところ、大笑いしながら書いてくださいました。なんとその後、ご自身のインスタグラムでもサインした理由を記し、「Keep Kwasan Alive!」とクイーンの名曲のタイトル（Keep Yourself Alive）になぞらえて、素晴らしい応援メッセージを全世界に向けて発信してくださいました（https://www.instagram.com/p/B72USzxBkuA/?igshid=9b

b252mq3yc4&img_index=1)。

このとき、メディアの記者の方がメイさんに「花山天文台は太陽系を主に研究していますけど、見学した感想はいかがでしたか」と質問すると、次のように答えました。

「ここは大変興味深い天文台だ。ニュースなどでは、ビッグバンや宇宙の創成など遠方の宇宙が話題になることが多いが、この天文台では我々に身近な太陽系を学ぶことができる。太陽とその家族の惑星たち、そして生命のふるさと。いま太陽系天文学は以前にも増して重要な分野になりつつある。

　太陽系外惑星とその元になるダスト雲が太陽系外で続々と見つかっている。ダスト雲を研究したい。どうやって研究するか？　身近にある！（それが黄道光、メイさんの博士論文のテーマ）私はラッキーだった。太陽系天文学は再び大変重要な分野となった。この天文台の歴史は重要。未来の子供たちのために、ぜひ残していくべき。私も応援します！」

ＮＨＫや毎日新聞などメディアも取材して、花山天文台が閉鎖の危機にあり、その応援のためにメイさんが来てくれたことを報道してくれました。

　メイさんのおかげで、今や花山天文台を見学に来る人の3分の1がメイさんのファンです。いそがしい中、来てくださったメイさんには心から感謝しています。

ゆくゆくは、花山天文台の一角に科学館を作りたい——そこにはグリニッジ天文台博物館で見た、世界の天文学の歴史を展示するとともに、京大総合博物館で開催した特別展での展示物を、ぜひ常設展示し、世界中から京都に来た観光客や子どもたちに、明月記の物

図3-16　花山天文台を訪れたブライアン・メイさん

図3-17　メイさんのサイン。天文台の見学会で見ることができる

図3-18　花山天文台の全景。左下の森の部分に花山宇宙科学館を、と考えている

語を含む京都、そして京大ならではのすばらしい天文学研究の歴史を紹介したいと思っています（図3-18）。

10年後には、花山天文台はグリニッジ天文台のように世界中から観光客が集まる観光名所（かつ教育普及と文化発信の拠点）になっている、というのが私の夢です。

今はまだ夢物語の科学館ですが、完成するまでの間も閉鎖の危機にある花山天文台を盛り上げるべく、市民の方々や子どもたちに向けた観望会や見学会、野外コンサートなどを随時開いていきます。ぜひ応援いただけたらと思います。

京大天文台基金のＨＰをごらんください（http://www.kwasan.kyoto-u.ac.jp/kikin/）。

第四章　スーパーフレアの謎を解くリコネクション

ここまで比較的一般的なお話をしてきましたが、いよいよ太陽や天体現象の仕組みにせまっていきたいと思います。

「磁気リコネクション」という現象に関することです。

この話は講演会や、大学の教養の授業でするると、居眠り率が高くなってしまうので、一般向けのときはしないようにしています。ですが、この話をとおらずに太陽現象の不思議は語れません。またこの現象自体が想像を絶するようなスケールで起こっているので、宇宙の壮大さの一端に触れられ、ワクワク感も感じられると思います。

1人でも多くの方にこのおもしろさを知ってもらえたらと、できるだけわかりやすさを心がけましたが、難しすぎると感じる方は飛ばして第五章に進んでいただいてもかまいません。

磁気リコネクション、一般の方にはまったく耳慣れない言葉だと思いますが、私が研究する太陽、そして宇宙の爆発現象において大変重要な、カギとなる現象だと見られています。

まずは太陽との関連から説明していきましょう。

太陽面での再加熱という謎

第一章の「母なる星の本当の姿」で触れた通り、太陽の上空にあるコロナが超高温になる理由は未解明のまま、大きな謎です。

念のためもう一度記します。

太陽内部で発生した熱は、コアで1500万度を出した後は、表面にたどり着くまでの間に6000度へと下がり続けます。ところが太陽の大気ともいうべき上層部で驚くほどの急上昇を見せます。

まず、彩層（さいそう）で1万度程度へと徐々に上昇し、遷移層（せんいそう）という薄い層を介して、コロナに至ったところで突然100万度へと急上昇します。また、黒点群の上空あたりのコロナはより一層熱くなることがわかっています。

これがどうして謎なのか。それは、普遍的な物理法則に反する現象だからです。熱は基本、熱い方から冷たい方へと移るものです。こうした性質は「熱力学の第二法則」と呼ばれていて、法則は宇宙空間であっても地上と同様に働きます。

太陽の場合、熱源がコアである以上、中心から順に温度は下がっていくはずであって、改めて加熱しない限り、熱源に近い部分より遠い部分の方がより温度が高いなどということはありえません。まして、一気に160倍以上（光球6000度→コロナ100万度）になるには、なんらかの特別な仕組みが働いていないとおかしいのです。

どうやればそれほど一気に加熱できるのか。その物理的過程については、現在のところ二つの仮説があります。

一つは「電磁流体波説」と呼ばれるもので、磁力線を伝わる波がエネルギーを運んでいるのではないかという説です。これは「波動加熱説」、もしくは提唱者が発見した電磁流体波の名を取って「アルベーン波説」とも呼ばれています。本書では「波動加熱説」で統一したいと思います。

もう一つは、小規模なフレア（磁気リコネクション）が非常に多数起きることによって温度を上げているのではないかという「ナノフレア説」です。

双方、理解するのはなかなか難しいのですが、できるだけシンプルに説明してみましょう。

まずは「波動加熱説」から。

この説は1940年代というかなり早い時期にスウェーデンのハンネス・アルベーンによって提唱されました（図4-1）。アルベーンは電磁流体力学の基礎を築いた偉大な学者で、1970年にはノーベル物理学賞を受賞しています。

さて、先ほど要約として「磁力線を伝わる波がエネルギーを運ぶ」と述べましたが、これがどういう意味かを説明しましょう。

磁力線というのは、磁力が伝わっていく際の通り道で、磁力はN極から出てS極に向かって働いています。

小学校理科の実験などで、磁石の周りに砂鉄を撒いたら、砂鉄がさっと移動して放射状に広がる線になった、という光景を見たことがあるでしょう。あの線が磁力線です。実験は紙の上などの平面で行うので、2次元の広がりしか見ることができませんが、実際には磁石を中心として立体的に磁力の通り道ができています。

図4-1　ハンネス・アルベーン

そしてこの通り道は、外側から力が加わると波打つという性質を持っています。ギターの弦を弾くと、弦が細かく揺れて波打つような感じです。

この波＝アルベーン波が、太陽表面のエネル

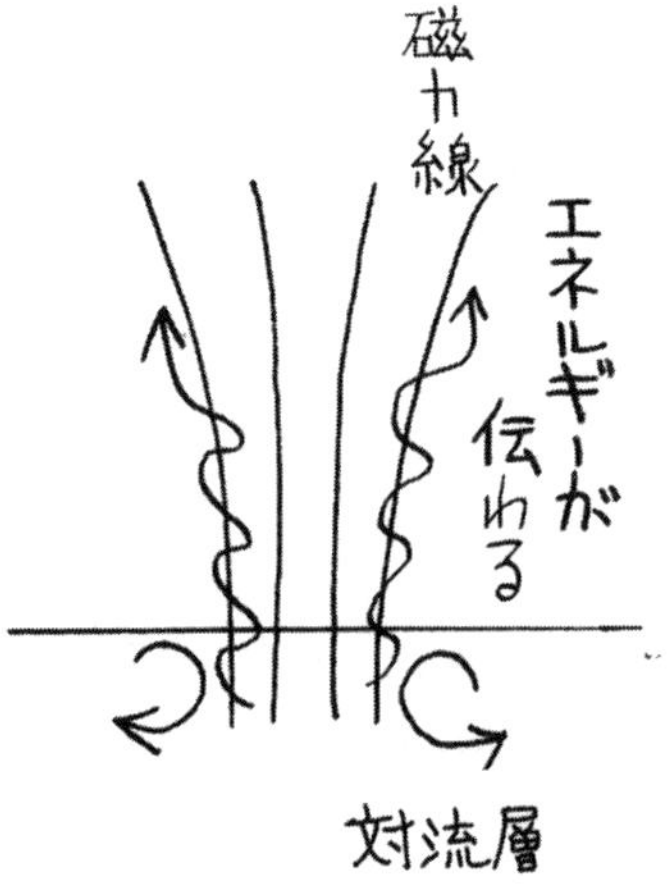

ギーをコロナのある上空まで運んでいるのではないか。これが波動加熱説の概要です。

　もし、太陽の対流層とコロナが磁力線によってつながっていれば、対流の振動によって揺すぶられた磁力線にアルベーン波が起こり、その波によって対流層の電磁エネルギーが直接コロナにまで届きます。そうして、届いた電磁エネルギーがコロナの層で熱に変換されるのではないかというわけです（図4-2）。

図4-2　磁力線をエネルギーが伝わる様子

　これは実は、IHクッキングヒーターと同じ仕組みです。

　IHクッキングヒーターはそれ自体にふれても熱くなく、近くに食材を置いておいても熱せられることがありません。なぜ温まるのでしょうか？

　IHクッキングヒーターの中には渦巻き状のコイルが入っています。電源を入れると、このコイルに電流が流れます。電流が流れると、電磁誘導の法則にしたがって磁場ができます。その磁場が鍋(なべ)に影響し、鍋の中の電子が揺すぶられることで電流が発生、熱が起きる、というわけです。ちなみに、ＩＨとは、Induction Heating（誘導加熱）の略称です。

もう一つの「ナノフレア説」は、太陽表面ではひっきりなしに小さなフレアが起こっていて、それがコロナを高温にする原因を作っているのではないかとする説ですが、理解するにはフレアの仕組みがわかっていなければなりません。

そこでフレアとはなんなのかを改めて説明したいと思います。

とてつもなく大きな磁場

第一章で、フレアは太陽の外層、つまり彩層やコロナ中で磁力線にたまったエネルギーが解放されることで起こると説明しました。

では、どのような仕組みで大爆発が起きるのでしょうか。その発生メカニズムについては、１８５９年のフレアの発見（キャリントン・フレア、43ページ参照）以来、１００年以上謎でしたが、日本の「ようこう」衛星の観測により、ついに明らかにされました。

それは、コロナに蓄積された磁場のエネルギーが、「磁気リコネクション」によって解放されることで発生する、と考える説です。

磁気リコネクションとは、コロナのようなプラズマ中で起こる磁力線のつなぎ替わりによって、磁場エネルギーをプラズマの熱エネルギーや運動エネルギーに変換する物理過程のことです。この文章ではなかなか理解するのはむずかしいかもしれません。しかし、ここが理解できないとフレアおよびコロナの発生の秘密にせまっていけないので、しばらく辛抱してお付き合いください。

まず、最初に太陽の磁場について確認しておきましょう。

地球の磁場が南極のN極から北極のS極に向かっているように、太陽でも北極域と南極域にそれぞれN極とS極、またはS極とN極が存在しています（N極とS極は約11年で入れ替わります。その仕組みは難解なので割愛します。興味のある方は、拙著『太陽　大異変』をお読みください）。とはいえ、磁場の動きは地球のように単純ではありません。

あちらこちらに小さな磁場が発生し、全体でみると、縦横無尽に磁力線が走っている状態になっています（図4-3）。なお、「小さな」と記しましたが、それは太陽に対しての大きさであり、地球規模でいえば相当大きなものです。

この小さな磁場の一つが、黒点です。黒点は、太陽内部で発生した磁力線の出入口のよ

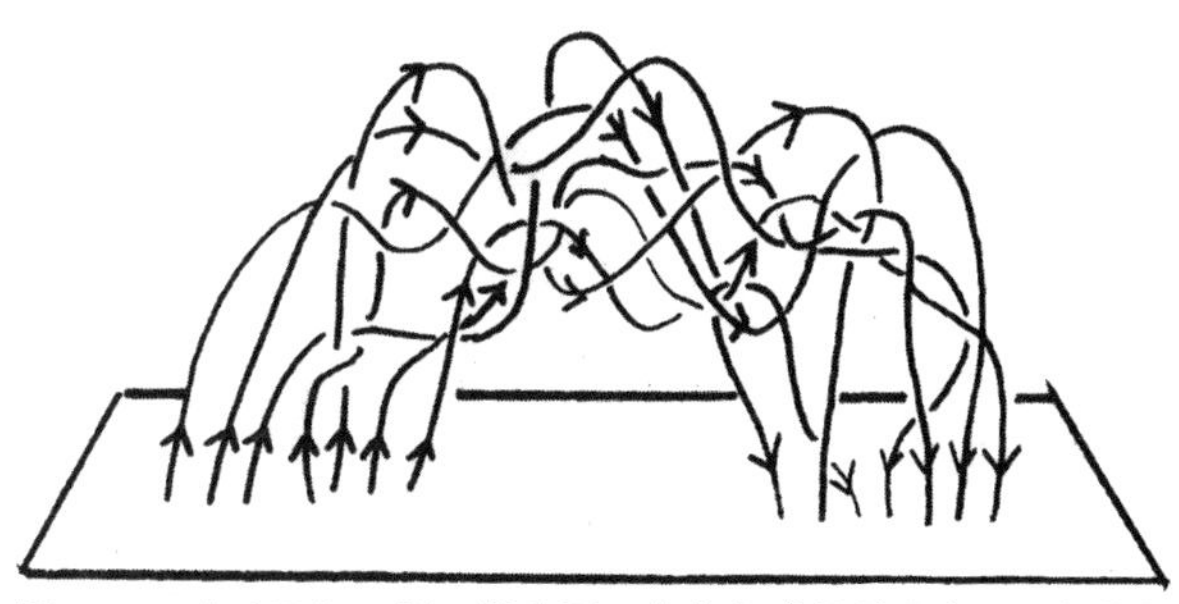

図4-3　ナノフレア説の概念図。小さな磁場が発生し、縦横無尽に磁力線が走っている

うなものだというのは第一章で説明した通りですが、どういう条件下で、どんな引き金によって発生するのかは残念ながらまだわかっていません。

ただ、黒点が数千ガウスの強い磁場であり、必ずS極とN極のペアで出現することは観測によって確かめられています。地磁気が約０・５ガウスであることと比べると、とてつもない磁気であることがわかるのではないでしょうか。

そして、この大きな磁力が、磁気リコネクションを引き起こす原因と考えられています。

ここで、図４-４を見てください。

これは、白色光で撮った黒点の画像と、軟X線で撮ったコロナの画像を合わせたものです。左右の黒点の間に、ループ状の光があるのがわかるかと思います。このループこそ、磁力線です。見えないはずの磁力線が可視化さ

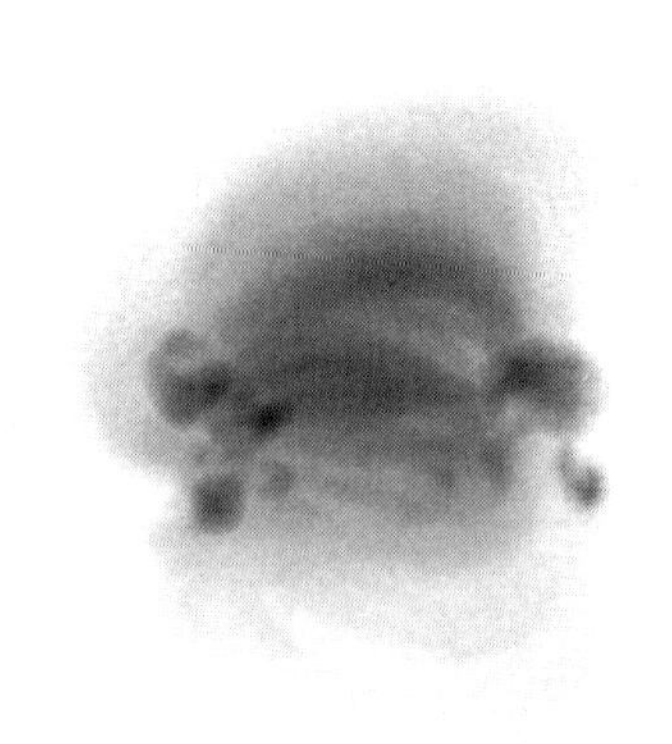

図4-4　白色光の太陽に軟X線像を重ねたもの。磁気ループの足元に黒点がある

れているのは、磁力線にX線を出すプラズマがまとわりついているためです。

この画像では右側の黒点がS極、そして左側の黒点がN極になっています。つまり、左側の黒点から右側の黒点に、大きく弧を描いて磁力が走っていることになります。

図4-5を見てください。

黒点の近くでは、しばしばプロミネンス噴出という現象が起こります。そうすると、プロミネンスを覆っていた磁力線が図のように上方へ引っ張られます。プロミネンスが急激に噴出すると、それまでプロミネンスがあった場所の圧力が下がり、まるで真空領域ができたかのように、周りのガスが磁力線とともにプロミネンスのすぐ下に吸い込まれます。そうすると逆向きの磁力線が押し付けられ、そこで磁力線のつなぎ替わり（リコネクショ

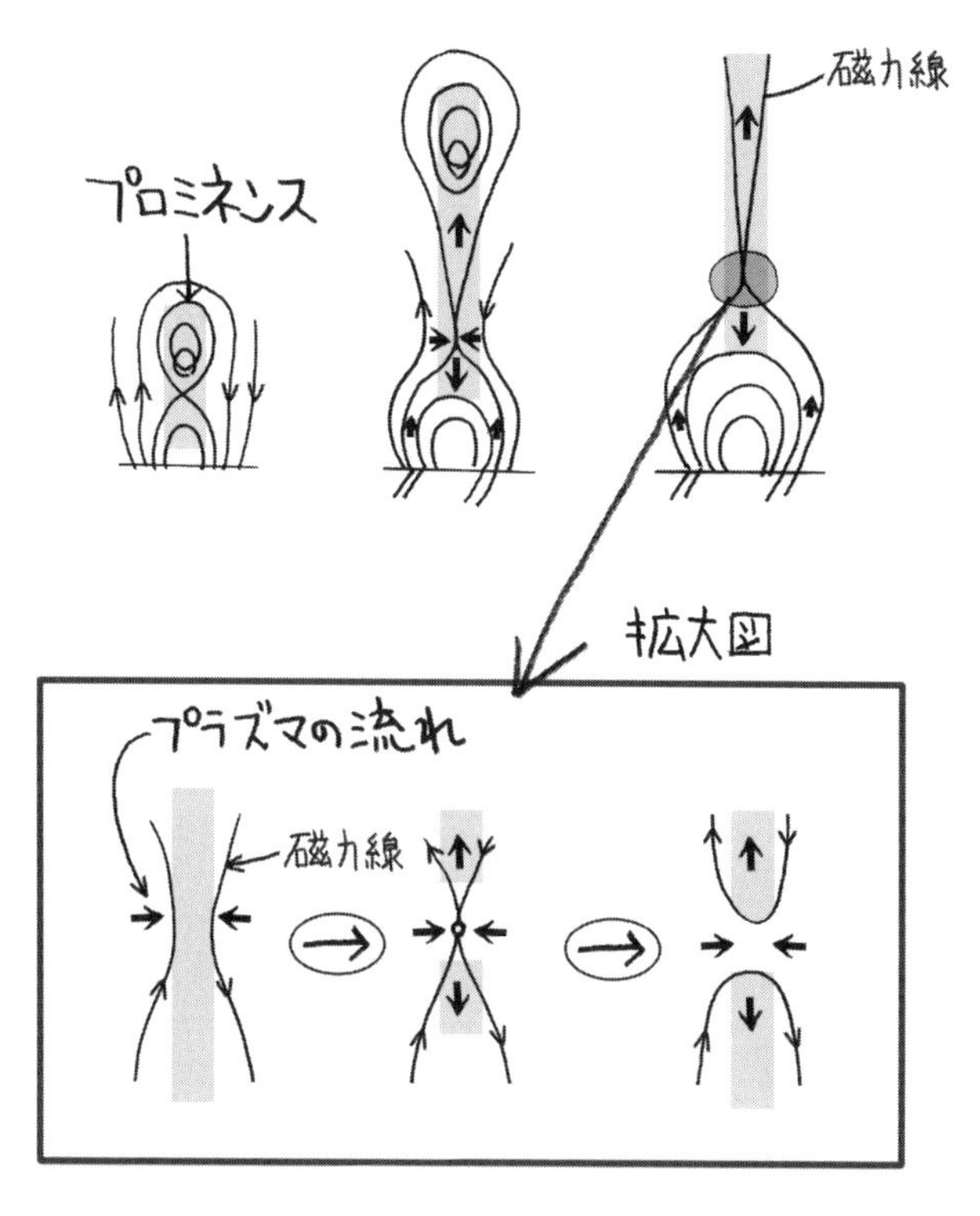

図４-５　磁気リコネクションが発生する仕組み。グレーの帯はプラズマシート。上の図を横にすると、図１ - 14と同じ構造になっていることがわかる。太陽フレアと地球の磁気嵐は、共通の物理メカニズムで起きていることが明らかになったのだ

ン）が起きるのです。
リコネクションが起こると、磁力線は交点を境に二つに切れてしまいます。Xの上の部分がV型に、下の部分がΛ型になります。要するに上部と下部に分かれるわけです。するとどうなるでしょうか。

実は、磁力線にはゴムのような性質があります。そのため、今までさんざん引っ張られていたのが真ん中でぷちんと切れてしまうと、切れた点を境に上下に向かって勢いよく飛んでいってしまうのです。

「ようこう」衛星が捉えた磁気リコネクション

少々わかりづらいようなら、パチンコで玉を飛ばす様子を思い浮かべてもらえればイメージしやすいと思います。ゴムを伸ばすだけ伸ばして手を離すと、玉は勢いよく飛んでいきます。あのゴムが磁力線で、玉がプラズマです。

Λ型の方にあったプラズマは猛スピードに加速され、勢いよくコロナ底部にぶつかります。そのエネルギーがフレアを起こします。ときには地球の直径以上の大きさになる大爆発は、ものすごい勢いで飛んでくるエネルギーによって起こっていたのです。

一方、V型の方にあったプラズマもまた猛スピードで上空に飛んでいき、プロミネンス噴出やコロナ質量放出を起こし、最終的には太陽風の一部になります。

そして、この理論が正しいことを裏付ける画像が、１９９２年、日本の太陽探査衛星「ようこう」によって撮られました。

図４‐６がそれです。

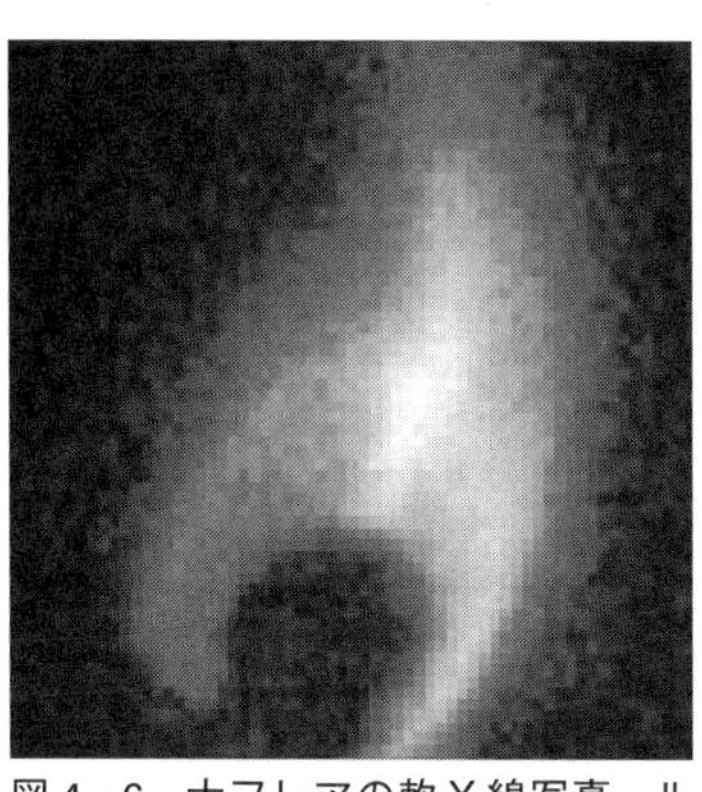

図４‐６　大フレアの軟Ｘ線写真。ループの形が見える（「ようこう」1992年撮影／JAXA宇宙研究所）

これは大規模なフレアを軟Ｘ線写真で撮った画像です。蠟燭（ろうそく）の炎のような模様になっているループが見えるのがわかるでしょうか。

このループこそ、磁気リコネクションが本当に起こっているという証拠です。専門的にはカスプ型ループといいますが、カスプとは尖点（せんてん）、つまり先が尖（とが）っているということですから、見かけ通りの名前がつけられているわけです。

この尖点が、砂時計のくびれにあたる部分

になります。つまり、この画像は磁気リコネクションを起こしたフレアの下側を写したものなのです。

規模の話をすると、ループの高さは約10万㎞。いかにとんでもない大きさかがわかってもらえるかと思います。温度は１０００万～２０００万度もあります。想像を絶する爆発です。

しかし、この程度の爆発は、太陽上ではさほど珍しくはありません。

フレアは、吐き出すX線の強さによって等級が定められています。

第一章の図１‐12の表でいえばM３・２クラスに当てはまりますので、１年に１００回程度は起こっているわけです。

ところが、このリコネクションが大きなフレアだけでなく、小規模なフレアでも起こっているのかどうかは長らく不明でした。その証拠となりうる現象が「ようこう」衛星が撮影した硬X線写真によって発見されました。インパルシブ・フレアと呼ばれる小さなフレアでも、磁気リコネクションが起こっていることがわかったのです（図４‐７）。

「ようこう」衛星の太陽研究に対する寄与は絶大なものがありました。私は、一時期「ようこう」衛星の運用に携わっていましたが、その折には磁気リコネクションを証明する画像をたくさん発見したものです。

いささか手前味噌ながら、「ようこう」のデータを用いて磁気リコネクションの実証に寄与した研究者の名前を3人ぐらい挙げるとしたら、その中の1人に含まれる程度には成果を挙げられたと自負しています。

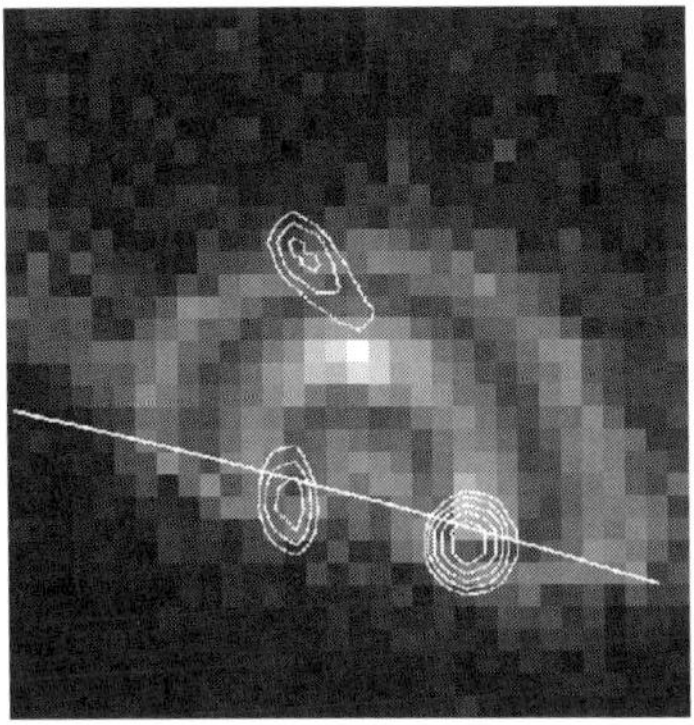

図4-7　インパルシブ・フレア（小さなフレア）でも磁気リコネクションを見ることができる。白い線の等高線図が硬X線、背景図が軟X線による画像（「ようこう」1992年撮影／JAXA宇宙研究所）

コロナ発生の未解決問題

これらのデータによって、太陽表面では実際に小規模な磁気リコネクションが起こっていると見てほぼ間違いないと考えられるようになりました。つまり、磁気リコネクションは規模の大小を問わないフレア発生の統一理論である可能性が高いのです。まだ最終的な決着は見ていませんが、今後「ひので」衛星など太陽観測衛星が撮影した画像データを分析することで新たな証拠が見つかっていくものと思われます。

磁気リコネクションが、太陽表面で無数に起こる極めて小さなフレア、つまりナノフレアでも起こっているのならば、コロナのナノフレア説は極めて現実的な説ということになります。

ところが、大きな問題が未解決のまま残っています。観測されたナノフレアでは、コロナを加熱するのに十分なエネルギーには足りないのです。

この点に関しては、まだまだ研究途上なのですが、私には一つのアイデアがあります。

旧来、「ナノフレア説」と「波動加熱説」は、コロナ加熱の原因説としては対立し、お互い相容（あいい）れない対抗馬だと考えられていました。私は、この二説はお互いを補完しあうものではないかと睨（にら）んでいるのです。

実は「ひので」衛星が発見したのは磁気リコネクションの証拠だけではありません。アルベーン波が実際に起こっている様子もしっかり捉（とら）えました。

可視光・磁場望遠鏡（ＳＯＴ）に映しだされたプロミネンスやスピキュール（彩層から噴き出すジェット）には、細かい筋がたくさん走っており、かつ激しく振動していました。

この筋は磁力線であり、それが振動しているということはすなわちアルベーン波が起こっているということになります。磁気リコネクションとともに、アルベーン波も現実に発生している現象だったのです。

この画像によって計算できるアルベーン波の伝播（でんぱ）速度から、運ばれているであろうエネルギー量を推算すると、ちょうどコロナ加熱に必要なだけのエネルギー量であることがわかりました。とはいえ、確実に彩層からコロナへと届いているかというと、まだその証拠は見つかっていません。従来の二説を対抗馬として考えるのであれば、双方痛み分けの結果になります。

しかし、高速ジェットが磁気リコネクションによって発生しているのはほぼ確実とみられています。

一方、ナノフレアを生む磁気リコネクションによってアルベーン波が発生していることも理論、観測の両面からわかってきました。ですから、この二説は統一する方向で考えたほうがよいと思うのです。いずれにせよ、この分野には従来にない独創的な発想が求められています。そして、研究をより進歩させるのは、「ひので」など最新の観測衛星から送られてくるデータでしょう。

オーロラもリコネクション？

話は変わりますが、みなさんはオーロラを見たことがありますか。

私は、国際会議への参加で滞在したアラスカ州のフェアバンクスで見ました。2007年3月のことです。その日は、翌日の午前から講演をしなければいけなかったのですが、その準備よりオーロラを見る方を優先して、午前2時過ぎまで外にいました。

その甲斐（かい）あって美しいオーロラを見ることができました。淡いオーロラでしたが、目が慣れてくるとよく見えました。ずっと見ていると少しずつ動いていくのがわかり、感動しました。

実は、木星にもオーロラが起こります。太陽系最大惑星の木星ですから、オーロラの規模も大きなものです。ただ、基本的には同じ原理だろうと目されています。

つまり、太陽風が吹き付けると、木星をはさんだ太陽の反対側にできたプラズマシート（図1‐14、図4‐5参照）で磁気リコネクションが起き、その反発で木星側に吹き飛ばされた電子がオーロラの光を放つ、というわけです。ただし、木星の場合は自転が速いため現象が激しくなり、オーロラの規模も大きくなるようです。

また、木星のオーロラ発生には衛星も影響すると見られています。

木星の観測映像を見ていると、時折衛星イオがピカッと光ることがあります。当然ながら衛星は自ら光を発しませんので、なんらかの光源があるはずです。木星の磁力線を横切るときに、イオの大気圏で起こる発電が原因になっているようなのです。これは木星本体にも影響し、木星のオーロラを発生させていると考えられています。

地球でも同じように突然、大光量を発するオーロラを見ることができます。

一般にイメージされる光を放つカーテンのようなオーロラは「ディスクリート・オーロラ」（ディスクリートは「個々の」「個別の」の意）、またはっきりと形は取らず、ぼんやりと光るオーロラは「ディフューズ・オーロラ」（ディフューズは「拡散する」「散らす」の意）と呼ばれ、比較的観測が容易です。

ところが、ときには突然ピカッと光り、満月ぐらいの明るさを放つオーロラが出現することがあります。これは「ブレイクアップ」と呼ばれるそうですが、オーロラ観測に適した土地でもとても珍しい現象で、フェアバンクスには4日ほどしか滞在できなかった私は、残念ながら見ることはできませんでした。

この木星のオーロラは、恒星のフレア（爆発）研究にもある示唆を与えてくれました。オーロラは、現象としてフレアとよく似ている部分があります。木星の巨大オーロラが見つかった際には、その発生にイオが関係していることから、巨大フレアの発生には、恒星のすぐ近くを回っている巨大惑星（第一章でも紹介したホット・ジュピターです）が影響しているのではないかというアイデアが提示されました。

むしろ私たちの研究では、反証となる結果が出ているのは前述した通りで、私たちが観測して発見したスーパーフレアを起こしている星の近くに、ホット・ジュピターは一つも見つかっていません。

ですから、スーパーフレアがホット・ジュピターのせいで起きるかどうかは未確定ですが、木星で起きていることと同じような現象が起きている可能性自体は否めません。

また、地球のオーロラも、宇宙から観測すると木星のオーロラとよく似ています。つまり、太陽でも木星でも地球でも、発電現象には磁気リコネクションが関わっていることを示唆しているわけです。磁気リコネクションは、さまざまな現象の謎を解くカギであるようなのです。

その観測のために京都大学は２０１８年、国内最大の口径３・８ｍの光・赤外線望遠鏡を持つ岡山天文台を開設しました。この話はずっと語っていられるほどいろいろなことがあったのですが、できるだけ手短にまとめます。

実は私が国立天文台にいた90年代から「京大は岡山に天文台を作るべき」といわれていました。当時、京大の天文台は花山天文台と飛騨天文台の二つ。花山天文台の方は京都の都市化が進み、空が明るくて研究のための観測は行えなくなっていました。一方の飛騨天文台は空の暗さはいいのですが、晴れる日が少ないという問題がありました。

そこで白羽の矢が立ったのが岡山です。ここにはもともと国立天文台の観測所があり、空の暗さも天気も申し分のない場所です。

私は99年に京大に移りましたが、それからは新しい天文台の開設に奔走することにしました。研究を進めるには国内で存分に実験できる施設が必要です。そのためには何より資金が必要でした。私はスポンサーを探すため各地へ交渉に出向きました。研究はいつでも頭の中でできますし、若い院生や研究員にお願いすることで続けられたので、寂しさを覚えることもありませんでした。ただ、日本全国を飛び回っていたため院生たちと関わる時間が少なかったようで、あるときこうはっきりいわれました。

「柴田先生、評判悪いですよ」

これには私も反省し、「それは悪かった。いま議論しよう」といって彼が取り組んでいる論文についてそのあと数時間議論したこともありました。

助けてくれたのはやはり同級生でした。大学での友人で、現在はＩＴ企業を経営する藤原洋さんが個人的に資金を出してくれることになったのです。

望遠鏡自体も低コスト化を目指しました。大手の企業に頼めば簡単ですが、それでは40億円ほどかかります。予算はできるだけ圧縮したいと考えました。そのため、世界最高レベルの技術開発から望遠鏡の組み立てまで、すべて純国産、しかも大学の研究者と民間の技術者の共同作業による手作りで製作することになりました。１ｍ以上の望遠鏡では初の純国産望遠鏡です。

理学部宇宙物理学教室の長田哲也教授が率いる望遠鏡製作チームのみなさんは素晴らしい仕事をやってくれました。

望遠鏡の主体となる鏡ですが、18枚の小さな鏡を並べて1枚の大きな鏡として機能させました。分割鏡といい、日本で初めての分割鏡です。これですと設置やメンテナンスのコストが抑えられます。日本で初めての分割鏡です。鏡の制作は岐阜県のナガセインテグレックスという会社の開発した研削加工技術（鏡を削って作るという技術）を、若い研究者・技術者のみなさんが頑張って天体望遠鏡用に世界最高レベルまで発展させてくださいました。１ｍサイズの鏡を作るのに従来の方法（研磨）では1年ほどかかっていたのが、研削と研磨を組み合わせることにより、なんと3週間程度で完成させられるようになりました。

望遠鏡の架台は写真4-8のようなスケルトン構造。大幅な軽量化を実現しました。考えたのは理学部宇宙物理学科准教授の栗田光樹夫（くりたみきお）さん。彼はこれで軽量望遠鏡の技術開発を博士論文にしました。

図4-8　岡山天文台の「せいめい望遠鏡」。18枚の小さな鏡を並べた主体と、スケルトン構造の架台

骨組みをご覧ください。左右対象になっていないんです。どうしたら軽くて頑丈な架台ができるかをコンピュータでシミュレートして、遺伝的アルゴリズムという仕組みを使った結果がこの骨組みだそうです。これですと材料も少ないから予算も少なく、しかも大学院生でも組み立てられます。

実際、若手総動員で組み立てを行いました。壮大なDIYといってもいいかもしれません。最終的にかかった費用は望遠鏡を覆うドーム建設費も含めて15億円ほどでした。

望遠鏡は「せいめい望遠鏡」と名付けられました。平安時代の卓越した陰陽師であり、天文博士でもあった安倍晴明（あべのせいめい）にちなんでいます。また宇宙における生命の探査研究にもつながる名前です。

２０１８年、ついに開設。途中、何度も諦めそうになっただけに感無量でした。19年から観測が開始されましたが、続々と成果が上がっています。ＨＰには随時情報がアップされていますから、ぜひご覧ください。たとえば21年12月には、太陽型星スーパーフレアから巨大フィラメント噴出を初検出しました。りょうけん座の変光星からもスーパーフレアとそれに伴う超高速プロミネンス噴出を検出することに成功しました。論文も続々提出されています。

今後、研究が進めば、将来太陽でスーパーフレアが起きるかどうか、起きるとすればどんな予兆現象があるのかを解明できます。人類社会の未来の安全を守るのに貢献できるのです。今からとても楽しみです。

第五章

地球外生命体のマジメな議論

第三章でしばしば地球外生命体について触れたように、最新の天文学において、地球外生命体の研究はホットな分野になっています。

一昔前まで、地球外生命体といえば、映画か小説に出てくるような存在でした。もちろん存在を信じる人やマニアのように調べる人はいたものの、科学が扱うテーマにはなり得ないというのが科学者たちの共通認識でした。

ところが、時代は大きく変わりました。太陽系の外の生命体の問題も宇宙物理学の中でまじめに取り扱うべき問題になってきています。本書内でも詳しく述べますが、２０２０年4月にはアメリカ国防総省が「ＵＦＯの映像」だとして3本の動画を公開しました。こういった話題は、一般の方にも特に興味を持ってもらいやすい話ですし、私自身も興味がありますので、章をもうけて触れておくことにしましょう。

UFOは本当にいる?

私は、学生への講義の際、毎年こんな質問を問いかけています。

「ＵＦＯは本当にあると思いますか？」

すると、２００人に10人くらいが手を挙げます。同じ問いを小学生に投げかけたら、半分ぐらいが手を挙げるのですが、大学生になるとこの程度です。半分ぐらい大人になっている大学生にしてみれば、「そんなもの、空想の存在だろう」となるわけです。

しかし、答えは「YES」です。

つまりUFOというのは実際に存在しています。

ただし、勘違いしないでいただきたいのは、UFOというのはあくまでもUnidentified Flying Object、つまり未確認飛行物体を指す言葉であって、宇宙人が乗っている宇宙船ばかりを指すわけではない、という点です。

正体がわからない飛行物体という範囲であれば、目撃証言はいくらでもありますし、写真にも撮られています。もちろん、インチキ写真（捏造写真）も多いのでだまされないように注意しなければなりません。

天文学者に同様の問いかけをしたらどうなるでしょうか。

実は、今からもう40年ほど前になるのですが、アメリカで3000人ぐらいの天文学者を対象に「あなたはUFOを見たことがありますか？」と問うアンケート調査が行われたことがありました。

調査のリーダーシップを取ったのは、太陽天体プラズマの分野で世界的に有名なピーター・スタロックという研究者です。

調査の結果、全体の2％程度である50～60人ぐらいの研究者が「ＹＥＳ」と回答、具体的な目撃情報を書いてきた人もいました。ただし、その大半は「発表する場合は匿名希望」だったそうです。理由は当然ながら「名前が出てしまうと学者としての信用を失うから」であるものの、内容そのものは驚くべきものでした。円盤状のものが天文台の近くに着陸したと、自身が見たＵＦＯのスケッチを描いてきた人もいました。もちろん、どこまで信用できるかはわかりませんが。

こうしたアンケートを取るほどですから、スタロック博士はかなり真剣にＵＦＯの研究をしていて、そちらの方面でも名を馳（は）せています。

私は博士と言葉を交わしたことがあります。１９９６年3月、イギリスで国際リコネクション会議が開催されたときのことでした。

この会議に合わせ、参加者のエクスカーション（見学会）として、あのストーンヘンジに行く企画が立てられました。すると多くの研究者が参加しました。有名な遺跡ですし、一説には古代の天文台だったともされているので、みんな一度は見てみたかったのでしょう。私ももちろん参加しました。

ストーンヘンジのある場所までは、遠足のようにバスに乗って行ったのですが、その途上、ガイドが歴史的な説明をするついでに、「ストーンヘンジはＵＦＯが集まる場所としても有名です」などという話を始めたのです。

するとあるアメリカ人の研究者が、

「ピーター、ピーター！　ＵＦＯの解説をしろよ！」

と呼びかけたのです。それぐらい、スタロック博士はＵＦＯ学者としても有名なのです。請われた博士は立ち上がって解説を始めたのですが、その内容はというと、ＵＦＯ好きには大変有名な事件、ロズウェル事件の話でした。

知らない方に向けて簡単に説明しますと、ロズウェル事件というのは、１９４７年にアメリカのニューメキシコ州にあるロズウェル陸軍飛行場（ＲＡＡＦ）に、空飛ぶ円盤が墜落したとされる、世界でもっとも有名なＵＦＯ関連事件です。

博士は、墜落現場には謎の生命体の遺体があったという話などを真剣にしておられました。スタロック博士というと、太陽フレアのモデルを最初に提唱されていた偉大な方で、そういった研究者が異星人の死体についてまじめに論じている姿に、私は驚くばかりでした。

とはいえ私自身、この手の話は好きなので、博士に直接「UFOの話、もっと詳しく教えてください」とお願いしたところ、博士は喜んで「では論文を送ってあげよう！」といって、実際に送ってくださいました。先ほど紹介したアメリカでのアンケート調査結果は、その論文に含まれていたものです。

UFOは今でこそ怪しげなオカルトとごっちゃにされていますが、目撃証言が出始めた当初は、天文学者も「UFOの正体は何だろう？」と興味を持ち、詳しく調べる人もいました。また、空を監視する空軍も謎の飛行物体を発見する機会が多く、かつてはかなり真剣に調査が行われていたのです。

アメリカでは、1966年から政府が大学にUFO研究を委託しています。引き受けたのはコロラド大学のエドワード・コンドンという天文学者で、彼のチームが集めて調べたUFOの調査結果のまとめは「コンドン・リポート」として提出されました。

結論は「宇宙から知的生命体がやって来たという証拠はない」というところに落ち着いたのですが、スタロック博士のように、そうした調査とは一線を引いて研究を続けている人もいます。

博士の論文はインターネット上で読むことができます。URLを掲載しておきます。英文ですが、興味のある方は読んでみてください。
Report on a Survey of the Membership of the American Astronomical Society Concerning the UFO Phenomenon-Summary
(http://www.ufoevidence.org/documents/doc604.htm)

UFO好きはつらいよ

こうしたスタロック博士のスタンスについては、当然ながら批判もあります。単なる売名行為だと切って捨てる人もいます。

全否定するのは簡単です。しかし、私は素直に、自分の興味のあることをどんどん調べようとする姿勢が素晴らしいと思うのです。名声に傷が付くかもしれないというのをモノともせず、自分の研究の結果を堂々と発表する潔さに、脱帽するのです。もちろん、博士ほどの業績をすでに上げている人だから可能である、という話でもあるのですが。

SF作家としても有名な天文学者のカール・セーガンのエッセイには、学生時代には宇宙人が地球に来ていると思っていたが、長じていろいろ調べていくと、そんな証拠はないということがわかってきたと書かれています。私もまったく同じだったので、大変共感しました。

私は中高生のころから宇宙人やＵＦＯの話が大好きで、矢追純一（やおいじゅんいち）さんのＵＦＯ特番などはほとんど見ていました。

番組が始まるときには、今度こそ宇宙人の実在を証明する決定的な証拠が出てくるのではないかと胸を高鳴らせながらテレビの前に座るのですが、最後まで見ると期待を裏切られることの繰り返し。大学1年のときにはとうとう業を煮やし、「もっとマジメにやれ！」と抗議の手紙を送ったほどです。

しかし、もっと真剣な人もいました。京大理学部宇宙物理学教室の先輩だった故寿岳潤（じゅがくじゅん）博士です。

寿岳博士のお父さんは英文学者で書誌学者の寿岳文章（ぶんしょう）さん、お姉さんは京都府立大の教授で随筆家でもある寿岳章子（あきこ）さんという学者一家の寿岳さんは、京大を出た後はアメリカで学位を取って、東京天文台（現国立天文台）で長く奉職されました。

そういう方ですから、とにかくまじめで「矢追氏のように、証拠がないことをさも本当のように世に広める人を野放しにしておくのはよくない」と義憤に駆られたようです。

私などは「エンターテイメントとして楽しいのだし、あれはあれで別にいいんじゃないの」と思うのですが、寿岳博士にしてみると、科学的に確立していない話を、あたかも事実であるかのように世の中に伝えていくのは、科学にとってマイナスであるとしか映らなかったようです。

テレビにせよ、ＵＦＯの存在を肯定する本にせよ、すでに宇宙人が地球に来ていろいろと活動していると平然と書いている、フィクションとして楽しむならいいだろうけど、中には真に受けてしまう人もいる、そういう間違った知識は正すべきであり、もっと正しい科学的な知識を普及しないといけない——と強く主張されました。

そして最終的には、「JAPAN SKEPTICS ＝ジャパン スケプティクス（「超自然現象」を批判的・科学的に究明する会）」という学会を１９９１年に立ち上げるに至りました。アメリカにある同様の団体を参考にされたようです。

私は１９９１年10月に愛知教育大から国立天文台に移動したのですが、最初その学会の存在をまったく知りませんでした。移動してから国立天文台の研究室で、ただＵＦＯの話が好きだから、という理由で学生たちと茶飲み話などで宇宙人についていろいろ話をしていたところ、寿岳博士が、

「柴田さんは宇宙人が好きだとかいう話がこちらに伝わってきたが、それは放置できな

い」と、抗議してこられました。

正直、これには参りました。もちろん、私もわざといかがわしい話を世の中に流そうなどとは思っていません。真実を追求する立場は寿岳博士となんら変わらないつもりです。

ですから、「本質は寿岳さんと一緒ですよ」と言うと、

「それならJAPAN SKEPTICSの活動を一緒に手伝ってください」

と、突然監事にされてしまいました。

そんなことがあったものの、私は今でもＵＦＯが宇宙人の乗り物であるかどうかはともかくとして、未確認飛行物体という現象自体はあると思っています。ＵＦＯに遭ったという人に会ったこともあります。残念ながらあまり確かなことはわかりませんでしたが。

しかし、なにごとにつけ、調べもせずに全否定するのは、これはこれで科学的な態度とはいえません。あることを証明することに比べ、ないことを証明するのは非常に難しいのです。

たとえば、火星の人面岩として長らくＵＦＯファンの心を捉えてきた画像があります（図５‐１）。これは１９７６年に火星探査機バイキング１号が撮ったもので、一見するとスフィンクスの顔のように見えるのです。写真はアメリカ天文学会でも発表されたのです

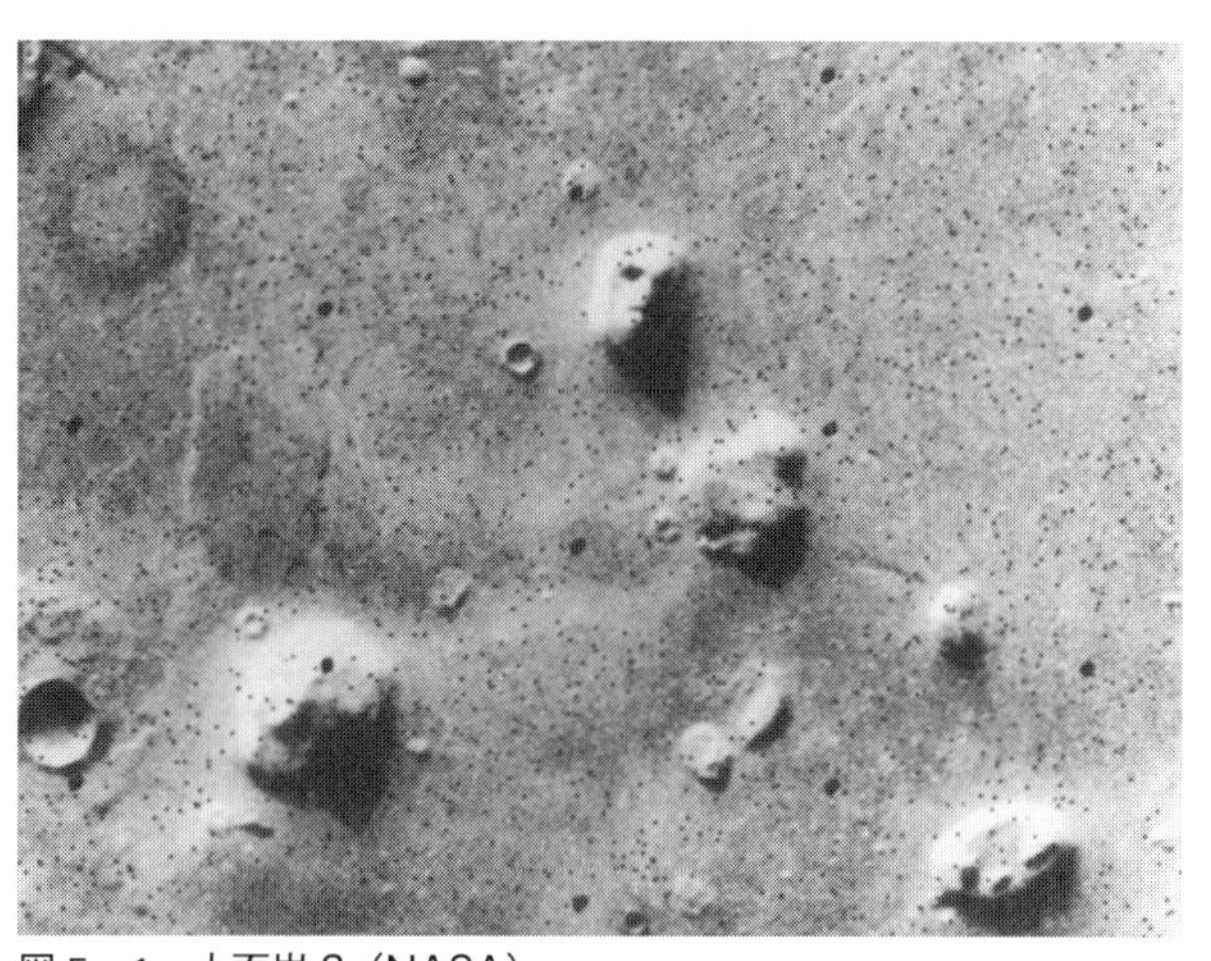

図5-1　人面岩？（NASA）

が、見る限り大変整っていて、人工物と思われてもおかしくない形です。

「これは宇宙人実在の証拠か！」と話題になり、一時期はUFO関係の雑誌や書籍には必ず掲載される定番写真となっていました。

　当然、天文学者も興味を持ち、アメリカや旧ソ連が何回か探査機を送り込んだのですが、なぜかことごとく失敗に終わりました。あまりにうまくいかないので「これを作った宇宙人に撃ち落とされているのではないか？」などという噂が立つほどでした。

　ところが、2001年になって、マーズ・グローバル・サーベイヤーが写真撮影に成功したところ、ただ単に真ん中が盛り上がった地形であることがわかりました。影の関係で、たまたま人の顔に見えていただけで、残念ながら火星の人工物ではないらしいとわかりました。もっとも、ＵＦＯ信奉者には「宇宙人が証拠隠滅のために壊したのだ」と主張する人もいるようです。

２０２３年５月、アメリカから驚くべきニュースがやってきました。アメリカ国防総省がＵＦＯ（未確認飛行物体）の情報を公表したというのです。アメリカ軍は何年も前から謎の飛行物体、すなわちＵＦＯの映像を撮影しており、その映像のいくつかはすでに世の中に流れ出ていたのですが、ついにそれらを正式に認めたのです。調査した結果は、これらの正体は不明という結論でした。

私が物心ついたころから、ＵＦＯと宇宙人の話はマンガやＳＦ小説の中心テーマでした。子どものころは、宇宙人は実際にＵＦＯに乗って地球に来ていると思っていたほどです。１９７７年に大学院に進学して天文学会に入り、当時の天文学会の最長老だった古在由秀（こざいよしひで）先生に初めてお会いしたとき、「先生、宇宙人の証拠を隠していませんか」と聞いてみました。先生は大笑いして「僕がその証拠を見つけたらすぐにメディアに公表するよ」といわれました。ちょっとがっかりしたのを覚えています。

知的生命体との遭遇はもうすぐ？

とはいえ、宇宙人の存在＝世迷い言とされていた時代と違い、現在では、人類がいずれ地球外の知的生命体に遭遇する可能性はあると多くの研究者が考えています。

そもそも天文学においては、理論的に存在が予測され、後に観測によって確認され、さらに想定さえしていなかった存在が見つかることは珍しくありません。

たとえば、太陽以外の恒星にも惑星があるだろうということは、ずいぶん昔から予想されていました。科学者でなくとも、「太陽系に近い条件の恒星系があるなら、惑星があって当然だろう」と判断することと思います。しかし、長らく観測手段がなく太陽系外惑星は理論上、想像上の存在に過ぎませんでした。

見つかったのは１９９０年代になってからです。観測技術が進むと、次々に太陽系外惑星が見つかったのですが、それがまた私たちが考えていたものとはまったく違う存在でした。

ジュネーブ天文台のミシェル・マイヨール博士はペガスス座51番星という恒星に惑星があると発表しました。そこで明らかにされた惑星の位置や規模に、研究者は目を疑うことになります。

惑星は恒星のすぐ近く、太陽系でいうと水星の軌道よりさらに太陽に近いぐらいの距離にあるにもかかわらず、木星ほどの大きさを持っていたのです。

もし惑星を持つ恒星があっても、配列は太陽系と似たようなものだろうと考えていた研究者たちは度肝を抜かれました。マイヨール博士の発表についても最初はみんな疑ってかかっていたものでした（図5-2）。

しかし、結局は巨大惑星の存在は事実として認められるようになりました。

当初、なぜ研究者たちが信用しなかったかというとそれなりに理由はあります。従来の惑星形成理論を適用する限り、太陽の近くというのは、巨大惑星が生成される条件下にはなかったのです。

惑星は、宇宙空間に浮かぶ塵やガスが次々に衝突したり、くっついたりしながら大きくなっていくと考えられています。もしそれが正しいとすると、恒星のすぐ近くは惑星の成長にとってはあまりいい環境ではありません。公転距離が短くなるので、大きくなるのに十分な量の物質を軌道上で見つけられないはずだからです。逆に、恒星より遠ければ遠いほど公転距離が伸びますから、たくさんの材料を得ることができます。

実際には、太陽のような恒星のすぐ近くに巨大惑星があったというわけです。

このタイプの惑星は後に「ホット・ジュピター」と呼ばれるようになり、次々と同様の惑星が見つかりました。つまり、普遍的な惑星だったのです。

研究者は惑星形成理論の再考を迫られました。最近提唱されているのは、ホット・ジュピターは必ずしも現在の位置で生まれ育ったのではなく、大きくなってから現在の場所に移動したのではないかという仮説です。

図5-2　2015年、科学技術、思想・芸術の分野に貢献した人を讃える京都賞を受賞したミシェル・マイヨール博士（右）と著者

未完成の仮説なので、どのようにして移動するのか、など考えるべき問題はありますが、宇宙は私たちが想像していた以上に動的な存在である可能性が出てきました。宇宙は、人類の想像をはるかに超えた場所なのです。

ですから、知的生命体の存在の仕方も、現在考えられているのとはまったく違うものである可能性もあります。

映画『２００１年宇宙の旅』では人類はモノリスに遭遇しましたが、逆に今後、我々が宇宙に出て行って、何らかの痕跡を残すようになるかもしれません。同時代に、まったく異なる星系の知的生命体どうしが遭遇することは確率的にいってても困難ですが、痕跡であれば何億年も前のものに出遭う可能性は充分あるのです。

ＵＦＯだの宇宙人だの、こういう問題を議論するのは科学者のすることではない、という風潮が長らく続きました。しかし私は、最先端の天文学を学べば学ぶほど、この広い宇宙に宇宙人がいないと結論する方がよほど非科学的と思うようになりました。ただし、宇宙は広いので、この膨大な距離を超えて宇宙人が直接地球にやってくるのは容易ではないでしょう。

故ホーキング博士は、地球を滅ぼす可能性のある宇宙人の存在を心配し、地球防衛軍を早急に組織すべきである、と真顔で主張していました。それを聞いたとき私は、「そんなことはまずないはず」と少し笑ってしまいました。この地球に来るほどの技術を持っている宇宙人ならば、地球を滅ぼす意味が見いだせないからです。

ですが、今は少し考えを変えました。昨今起きている地球の国家間での争いを見るにつけ、地球全体で協力して地球防衛軍を組織する方が人類の未来にとってプラスになるのは間違いないと思うからです。もしかしてホーキング博士はそこまで見越して発言していたのかもしれません。

知的生命体と出会う確率を導く数式

さて、異なる星の知的生命体と出会う確率はどれほどあるのでしょうか。

その答えを出す方程式を編み出した科学者がいました。アメリカの天体物理学者フランク・ドレイクです。彼は電波天文学を専門とする学者でしたが、あるとき、電波で交信できる文明が銀河系の中にどれくらいあるだろうかと考え、その答えを計算する式を打ち出しました。

それは、こんな式です（図5‐3）。

一見すると記号が並んだ、ただの掛け算のようですが、実はなかなか奥が深くて楽しい式になっています。

これを計算しようと思ったら、天文学だけではなく化学、生物学、さらには社会学、歴史学、果ては心理学まで解明しなければいけません。あらゆる学問を総動員しないと、その答えはわからないのです。そこがおもしろいし、学生諸君にとってはどんな分野の研究をやっていても最終的にはつながってくるのだという事実を知る、よい例になります。
求めるNは銀河系の中にある電波で交信可能な文明の数です。
もちろん、この方程式の最終的な答えはまだだれにもわかりませんが、現在の知識にもとづいて考えてみましょう。

Rは天文学から比較的簡単にわかり、10程度です。銀河系の年齢は１００億年余り、銀河系の中の恒星の総数は１０００億程度ですから、１０００億を１００億年で割って、10程度というわけです。

次のf_pは、現代天文学が答えを見つけようとしている問題です。まだ最終的な答えではないですが、$\frac{1}{3}$～$\frac{1}{2}$程度と考えられています。

n_eも現代天文学の重要課題です。私たちの太陽系で考えますと、これに当てはまるのは地球と過去の火星、つまり１～２です。

f_lとf_iは化学、生物学の課題です。f_lは生物学と人類学。f_eは歴史学、文明学、f_dは心理学の課題ですね。

$$N = R f_p n_e f_l f_i f_e f_d L$$

R ＝1年間に銀河系の中で誕生する星の数〜10

f_p ＝誕生した星が惑星をもつ確率

n_e ＝星あたり生命生存に適する惑星の数

f_l ＝そのような惑星上に生命の生まれる確率

f_i ＝生まれた生命が知的に成熟するまで進化する確率

f_e ＝通信手段をもつ文化が現れる確率

f_d ＝通信を行おうと望む確率

L ＝文明の寿命

図5-3　ドレイクの方程式（R. T. ルード、J. S. トレフィル著、出口修至訳『さびしい宇宙人』地人書館、1983年）

悲観的な人は、生命の進化は極めて稀（まれ）であり、地球上の生命はほとんど奇跡のような結果生まれたのだと考えます。また、文明が続く年数に関しても、1000年とかなり短く予想します。

人間の文明は少なくとも数千年あるではないかと思われるかもしれませんが、明日全面核戦争が起きて一気に滅ぶ可能性だってあるかもしれませんし、電波の発見などからはまだ200年も経っていません。

生命の発生や文明の継続時間を短く見積もれば見積もるほど、ドレイク方程式の解の数字は小さくなっていくので、悲観論者は「地球人は一人ぼっちだ」と絶望するのです。
計算すると、上の囲みの式のようになります。
つまり、銀河系の中に0・1個となります。10個の銀河の中に一つですから
ものすごく少ないことになります。

一方で、楽観論者になると、我々の生物学や化学がまだ充分に発展していな
いから生命の進化力を過小評価してしまうのであって、ひょっとしたら地球の
ような生命発生を許容する惑星が生まれたら、必ず生命が生まれ、知的生命ま
で進化するのではないか、という話になります。
また文明の寿命も、少なくともホモ・サピエンスは生まれてから20万年経っ
ているのだから、そのぐらいは伸びるだろうと考えます。また確率の係数はす
べて1で見積もります。
187ページの囲みのように計算すると、文明数は100万！　私たちの宇
宙はもう宇宙人でいっぱいになってしまいます。

$$10 \times 0.5 \times 2 \times 0.1 \times 0.1 \times 0.1 \times 0.1 \times 100 = 0.1$$

悲観論者の見積もり

$$10\times0.5\times2\times1\times1\times1\times1\times10^{-}=10^{6}$$

楽観論者の見積もり

宇宙人でぎゅうぎゅうなのに？

そこで、物理学者のエンリコ・フェルミは、こんなことを考えました。

どちらが正しいのかはわからないけれども、ただ一つはっきりしている事実はある。それは、人類が未だかつて異星人とは遭遇していない、もしくは遭遇していたと判断するに足る明確な証拠を持ち合わせていないという点だ。もし、宇宙が知的生命体だらけなら、どうして彼らに会うことができないのか――。

これは「フェルミのパラドックス」という、有名な矛盾です（図5－4）。フェルミが同僚たちと昼ご飯を食べながら「宇宙人が地球に来てもいいはずなのに、何で証拠がないのか？」と話し合ったのが元だといいます。

このパラドックスに対するたった一つの正答というものは存在しないのですが、一つの答えは銀河系の大きさに求めることができそうです。

仮に楽観論者が見積もったように知的生命体のすむ文明が100万個あったとしましょう。銀河系は大きいので、それほどあったとしても、文明間の距離

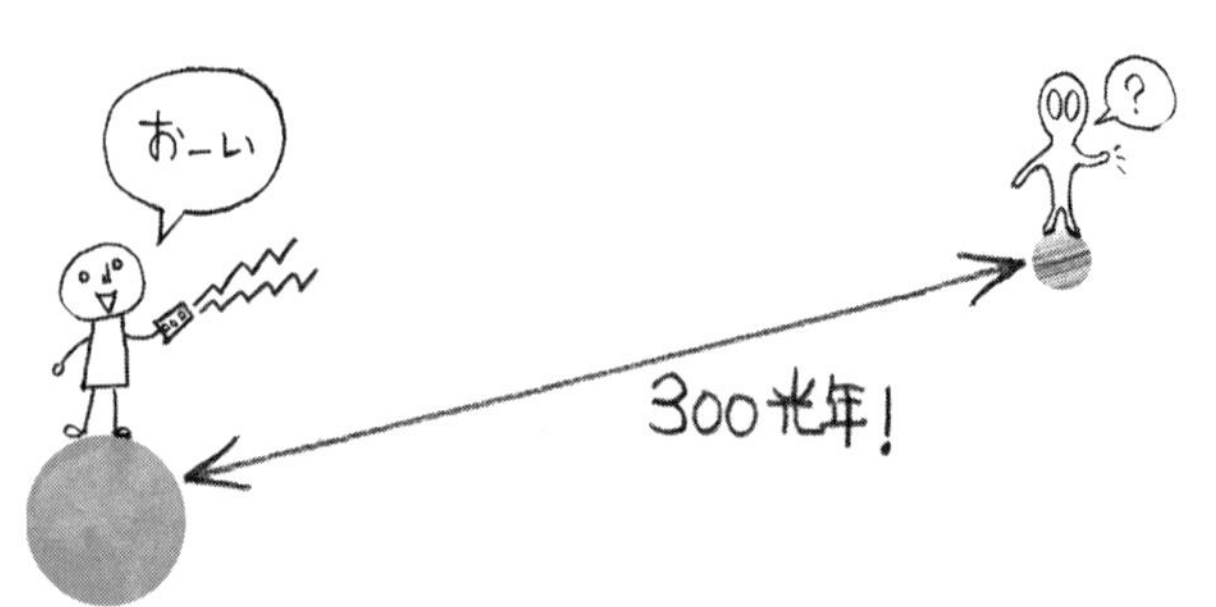

図５-４　フェルミのパラドックス。隣の文明は遥か彼方

が開き過ぎているのです。具体的にはどのくらいでしょうか。

銀河系の直径は約10万光年、厚みは１０００光年です。体積は銀河がざっくり直方体だとして、１８９ページの上の囲みのようになります。ここに１００万個の文明があるとすると、文明と文明の間隔の平均値は、１８９ページの下囲みのようになります。

つまり、一つの文明につき２００光年ぐらいの間隔があることになります。向こうから地球に来るのはもちろん、電波で交信するとしても往復で４００年かかってしまうのです。

我々人類が電波を使い始めてからまだ１３０年ぐらいしか経っていませんから、地球から発した電波はまだたかだか１３０光年の距離までしか届いていません。そのため、隣の宇宙人は地球に我々がいることをまだ知らない――と

$$(10万\times 10万\times 1000)^3光年$$

銀河系１つの体積の概算値

$$(10万\times 10万\times 1000\div 100万)^{\frac{1}{3}}\fallingdotseq 200光年$$

文明と文明の距離

いうことになります。これでは、会いようがありません。

悲観論者の計算だと、銀河系には我々しか知的生命体はいないことになり、いるとしたらお隣のアンドロメダ銀河になるわけですが、かの銀河は約２５０万光年先にありますから電波が届く間に人類は絶滅しているかもしれません。

楽観論者の計算によっても、やはり遭遇するのはもちろんのこと、交信するのさえ大変だという点では共通しています。

さらに、宇宙の歴史という規模で考えると、地球が誕生してから現在まで約46億年が経っていると見られますが、生命が陸上に進出したのは地球誕生から約40億年も経ってからのこと。

地球での生命進化をモデル・ケースにすると、私たちが将来地球と同じぐらいのサイズを持つ、そっくりな惑星を探査できるようになっても、46分の40、約87％の確率で陸地にはなにもいないと考えられます。植物すらありません。火星の表面と同じような、荒涼たる風景が広がっていることでしょう。なにか生物がいたとしても、いいところ水中に魚がいるぐらいです。

さらに、人間の形をした生物が生まれたのは1000万年前とされていますから、46億分の1000万、つまり460分の1とさらに低い確率でしか遭遇できません。もし知的生命体がいたとしても、人間と同じような形をしているのは奇跡に近いでしょう。知的生命体であっても、我々とは違う形をしていると考える方が自然です。

よしんば、どこか別の星系の知的生命体が地球に到達していたとして、それほどの科学力を保持しているのであれば、彼らにとって人類など魚程度の存在でしょう。

私たちが海の上から魚を観察するとき、私たちは魚を認識できますが、魚は人間を生命体として認識しているかと考えたら、たぶんしていないと思われます。

そう考えると、私たちは目の前に宇宙人がいたとしても、あまりにも形や様子が違った場合は、相手を生命体として認識できないのではないでしょうか。

これが「フェルミのパラドックス」の答えかもしれません。

地球外生命体が実在する、しないにかかわらず、やはりほかの知的生命体と出会うことはかなり難しそうです。

フェルミのパラドックスを抜け出すには

しかし、天文学者はあきらめずに知的生命体の可能性を追い続けています。

まずやっているのは、地球に似た惑星を探すことです。昔は唯一無二の星と思われていた地球型惑星は、実はそう珍しいものではないというのが現在の常識になってきています。

この探査の主力になっているのが、ＮＡＳＡのケプラー衛星です。

２００９年に打ち上げられたこの宇宙望遠鏡は、地球を追尾する形で太陽の周りを周回しながら、18年の運用終了まで、太陽系外惑星探査に大活躍しました。

成果はめざましく、２６００個もの系外惑星を見つけたのですが、15年にはついに地球とそっくりな星が見つかったと発表されました。それも、複数あるというのです（図５-５）。

たとえば、「ケプラー62」と名付けられた恒星を周回している五つの惑星のうち、二つまでが生命がいてもおかしくない環境領域の内側にあることがわかりました。「生命がいてもおかしくない環境領域」を、「ハビタブル・ゾーン」と呼びます。惑星ケプラー62ｅは地球と同じ岩石型の惑星で、かつ表面温度は温暖、地表に海があり得る気候だと見られています。

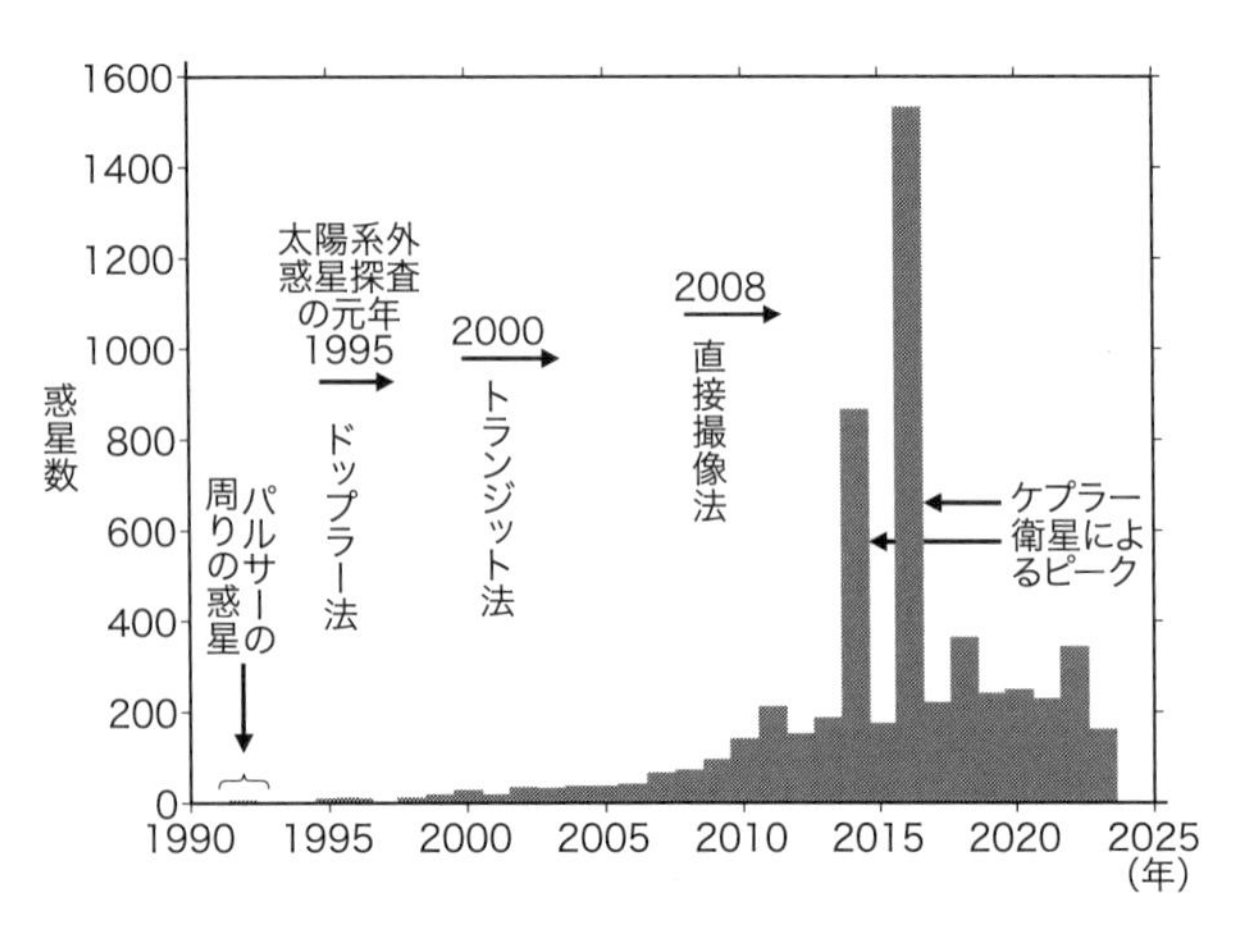

図５-５　惑星は続々発見されている。縦軸は１年あたりに発見された惑星の数、横軸は年（天文学辞典）

すぐにでも探査機を飛ばして調べてみたい気持ちは、おそらくすべての天文学者が持っていることでしょうが、残念ながらケプラー62星系があるのは約１２００光年も離れた場所。光の速度にして５時間半ほどで到達可能な冥王星ですら、探査機が最接近するのに９年半も掛かっていますから、探査機派遣は夢のまた夢です。

しかし、観測技術は日進月歩しています。今後も驚くような発見が次々報告されるでしょうし、もしかしたら地球外生命体の直接的な証拠が出てくる可能性だって否定できません。

地球外生命体の探索は、すでに夢物語ではないステージに入ってきているのです。

終章　天文学者が目指す地平

文明の進化は天文学とともに

本書では、さまざまな宇宙の不思議を紹介してきました。終章として、文明の進化と併走してきた、天文学者という存在について考えてみたいと思います。

天文学は、人類の文明の中でも極めて重要な位置を占めてきました。たとえば、人類の食料事情を一変させた農耕の発展には、天体観測が欠かせませんでした。指導者は、太陽や月、そして夜に輝く星々の位置から暦を作り、いつ、なんの種をまいて、どのようなスケジュールで世話をすれば収穫を最大化できるのか指導しなければならなかったからです。

また、新たな土地を目指して航海に出る際にも、星が重要な情報源になりました。GPSはもちろん、羅針盤もない時代に人類が大洋を渡ることができたのは、星を見て方角をとったからだといわれています。発展した古代文明には、必ず天体観測を専門とする人々がいました。

日本にももちろん、天文の専門家がいました。奈良県明日香(あすか)村(むら)にあるキトラ古墳には天体図が描かれていますが、これが描かれたのは7世紀後半~8世紀初頭と見られています。現存する精密な天文図としては、世界最古のものです。

このように人類は洋の東西を問わず、星に興味を持ち続けていたのでしょう。

現代の天文学に直結する学問が成立したのはルネッサンス期の欧州でした。ガリレオの地動説、ニュートンの万有引力の法則をはじめとした古典力学は、人類の宇宙観を一変させるものでしたし、20世紀になるとアインシュタインやホーキングのようなスター学者が登場します。きっと、子どものころに彼らの伝記を読んで感銘を受けた方もいることでしょう。

彼らが科学史におよぼした功績は計り知れないものがあります。ただ、一個人として見てみると、それなりに人間くさい部分も見えてくるのです。

一例をあげれば、アイザック・ニュートン。まさに近代科学の父ともいえる存在です。後半生には王立造幣局長官という国の官僚に任命されるなど、社会的にも高い地位を得ました。しかし、その生涯の中で、あまり感心できないこともいろいろとやっていたようです。

あの万有引力の法則にしても、原形となったアイデアは同時代の物理学者ロバート・フックが提唱したものでした。ニュートンは、そのアイデアについての論争相手だったわけですが結局、論文を先に書いたのがニュートンであったため、功績は彼一人に帰することになったのです。さらに、晩年には、いかにも中世的な錬金術をはじめとするオカルト的な研究に没頭しました。

また、天文学の父と呼ばれるガリレオに関してもさまざまなエピソードがあります。ガリレオより前に地動説を唱えた人間としてはコペルニクスが有名ですが、ほかにも地動説を支持する人たちはいました。

神学者で哲学者のイタリア人ジョルダーノ・ブルーノ（1548〜1600年）もその一人です。

ブルーノのすごいところは、地動説だけでなく、太陽の唯一無二性を否定したことでした。当時、キリスト教会において太陽は神の創造物であり、同じものは一つとしてないというのが常識でした。

ところが、ブルーノはそれを否定し、

「太陽は星と同じ存在であり、そして空に輝く星はそれぞれが太陽と同等のものである」

ということを、初めて公言したのです。

これは保守的なキリスト教徒にとって許容できる発言ではありません。ブルーノの説は神の教えに背く異端であるとして大批判を受けます。しかし、ブルーノは主張を曲げず、最終的には火あぶりの刑に処せられました。

この事件は、ガリレオの心に影を落とすことになります。ガリレオ裁判において、彼が自分の主張を取り下げたのは、ブルーノの末路を知っていたからなのです。

このガリレオの変節は、科学の発展にとっては大きなマイナスとなりました。ガリレオの功績は高く評価されている反面、科学が宗教に屈するという先例を残してしまったという見方もできます。

裁判で苦汁をなめたではないかと同情するのが大方の見方ですが、一方、政治的な圧力に負けたことも事実です。プラスの部分を正しく評価すると同時に、マイナスの部分も認識しなければならない。科学とはそういうものだと私は考えます。

もちろん、ガリレオもニュートンも科学の発展に多大な貢献をした偉人ですが、弱さを持つ普通の人間でもありました。

科学は常に政治に左右される

ガリレオの時代は科学が宗教に左右されましたが、現代はどうでしょうか。私は、宗教が「政治」に置き換えられるのではないかと思っています。

わかりやすい例として、地球温暖化を挙げましょう。現在、世間的な常識では、地球温暖化は温室効果ガス、とりわけ二酸化炭素の排出量増加によって進んでいる現象であり、ゆえに温室効果ガスの削減は世界中で取り組むべきというのが正しいとされていますが、これはいわば「政治的に正しい」のであり、「科学的に正しい」事実なのかというと、実は疑問があります。

というのも、現在の温暖化が二酸化炭素の増加だけで決まっているとは必ずしもいい切れないからです。太陽の黒点が影響している可能性も否定できません。黒点が少なくなると地球が寒くなるというのは歴史上の厳然たる事実であり、逆に太陽に黒点が増えると地球は熱くなることがわかっています。ただし、なぜそうなるかに関してはまだ明らかにされていません。

ですが、こうした学説は、地球温暖化の原因は二酸化炭素であるとする説と衝突するため、なかなか報道されません。二酸化炭素というものが、経済活動に密着した問題、つまり経済の一環だからだと考えられます。

1997年の京都議定書以来、地球をまもるために二酸化炭素を排出しないようにするのが人類としての基本的な倫理、道徳である、という雰囲気が醸成されました。それに反対するような説を唱えようものなら「倫理にもとる」との勢いで、世論が形成されてしまったのです。

温室効果ガスは新たなビジネスを生む素にもなりました。原子力発電を推進する人々にとっては、温室効果ガスの危険性を強調することは、即、二酸化炭素を出さない原子力発電の「クリーンさ」をアピールする材料になります。原子力発電を推進すれば、温暖化防止に役立つといえるわけです。

現在、世界のエネルギー源が石油輸出国によって左右され、石油の出る中東の国々に富が集まります。ゆえに、この地域で政治的混乱が起こりやすいのは、だれもが目の当たりにしている現実です。湾岸戦争などの中東紛争の裏には、民族や宗教だけでなく、経済問題が横たわっているのです。

欧米諸国にしてみれば、石油に頼る割合をできるだけ低くしたいのが本音でしょう。石油のエネルギー利用が減れば、価値も下がり、自動的に中東への富の流出を防ぐことができます。

繰り返しますが、地球温暖化の原因が二酸化炭素の増加と決まったわけではなく、いろいろな可能性が考えられます。原因が二酸化炭素だけにあると決めつけているのは、科学ではなく政治というわけです。

現在、二酸化炭素の量がこのくらいになったら地球の気温はこうなる、というシミュレーションに多くの研究者が取り組んでいますが、地球の平均気温というのはなかなか難しい問題を含んでいます。いくらコンピューターが発達したとしても、明日の天気予報も外れることがあるくらいですから、年単位、まして10年後、20年後といった未来の気温を正確に計算するのは至難の業です。

研究者も空気を読む

この方面に関わる各分野の専門家と議論すると、必ず「地球温暖化の要因が二酸化炭素だけなどという、そんな単純なことではない」という認識で一致します。科学は事実の一つ一つの積み重ねです。ある現象を解明するのはそう簡単ではないのです。

私の専門分野である太陽の場合、未解決の問題として前述した黒点の発生周期（だいたい11年）があります。比較的以前から知られていることですが、これであってもその仕組みは解明されていません。

有力な説としては、プラズマによる発電（ダイナモ機構といいます）が重要な役割を果たしている、という説があります。プラズマは電気を帯びた気体なので、プラズマが磁力線を横切ると発電が起き、電流が発生し、磁場ができます。ダイナモ機構はこのようにプラズマが磁力線を横切ることによって磁場を増幅するメカニズムのことです。ただ、これを理論的に確立するのはかなり難しいのです。

ダイナモ機構を完全に解明するには、太陽全体の流体計算が必要になってきますが、そのすべてを計算できるような能力は、現在のコンピューターにはありません。

地球の大気についても同様です。影響する要因の全容はまだ解明されていません。また、複雑な要因を変数化して計算するための理論も、計算可能なコンピューターもありません。そんな状態で行われたシミュレーション、しかも二酸化炭素に要因の多くを帰した上での計算で、正確な答えが出るかどうか甚だ怪しいといわざるを得ません。

しかし今、気象学者が「温暖化要因は二酸化炭素ではない」というのは、ほとんどタブーになっています。気象学者の知人は、酒の席では本音を語れるけれど、一般市民向けの講演会では決して本当のことはいえない、とこぼしていました。

日本気象学会全体が温暖化の原因＝温室効果ガスとの方針で進んでいる以上、心の中では「いや、そんなことはない」と思っていても口に出せないのです。学者の世界も、空気を読まないといけないという点では世間と大差ありません。

とはいえ研究者もただ政治の波に黙って流されているだけではありません。２００８年に開催された日本地球惑星科学連合２００８年大会はなかなか勇気のある学会でした。そのなかで、「地球温暖化問題の真相」というセッションが行われたのです。これは日本地球惑星科学連合が、いろいろな学会の集まりであるがゆえに、一つの学会の学説に囚われないですむから開けたものです。

この場においては、気象学会以外の人はみんな「温暖化は二酸化炭素が原因とは限らない」との認識で一致していました。

おかしかったのは、「この中で温暖化の原因は二酸化炭素だと思っている人は？」とたずねて挙手を求めたら、60人くらいの出席者のうち、５人ほどしか手を挙げなかったことです（そして、その人たちはみな気象学会に所属していました）。

ただ、このやりとりは、私にとって衝撃的でした。サイエンスの話として「温暖化には二酸化炭素以外の原因もありうる」という議論が公の場でタブーなく話されているのを目の当たりにしたからです。「あ、こういうことを口にしてもいいんだ」と思った次第です。そして、最終的には「科学者には、若い人にこういった情報を伝える責任がある」という心境に至りました。

学者としての良心に従うならば、むしろ「未だわかっていないものはわかっていない」とはっきりいうべきだと思います。

地球は寒冷化する？

ところで、もし温暖化に太陽の黒点が影響しているのだったら、地球はむしろ寒冷化に進む可能性があります。というのも、本来であれば黒点の活発期にあたる周期に入っているはずの現在、なぜか黒点の数が予測より増えていないのです。これは約１００年ぶりの少なさです。

もし、これが今後の周期でも少ないまま、もしくは減少傾向のまま推移すると、約２００年前のダルトン極小期と呼ばれる時期に匹敵することになるかもしれません。ダルトン極小期には平均気温が今と比べて０・３度くらい低かったのですが、たったそれだけの気温差でも主にヨーロッパが強い寒冷化にさらされました。

この寒冷化は、歴史に大きな影響を与えたかもしれないのです。黒点の有無は、私たちが考える以上に、人間に広範な影響を及ぼすのです。

常勝将軍であったフランスのナポレオンが、ロシア遠征に失敗したのはロシアの厳しい冬に十分な対応をしていなかったためであるとされていますが、もしこれがダルトン極小期でなければフランス軍が冬将軍にやられることもなく、ロシアに勝っていたかもしれず、歴史は大きく変わっていたかもしれません。

このダルトン極小期以上に寒冷化した時期があります。マウンダー極小期と呼ばれる時代です。これは400年前くらいに観測された事象で、平均気温が今に比べて0・6度ほど低かったと考えられています。

この時期、ヨーロッパでは農作物の不作が続き、経済が悪化。ほかにもペストが大流行したことから社会不安が広がりました。

地球温暖化によりこの100年で0・76度上がったといわれていますが、実は黒点の影響の方が早く出ます。ダルトン極小期は30年で0・3度、マウンダー極小期は70年間で0・6度下がっているのですから、差は歴然です。

寒冷化の可能性について話すと、中には「温暖化が中和されていいじゃないか」という人がいます。もし、本当に二酸化炭素が原因で温暖化が起こっているなら、確かに中和されるでしょう。しかし、もしこれまでの温暖化が黒点によるものだとしたら、極小期に入ると間違いなく寒くなるはずです。

そうすると、作物は育たなくなります。マウンダー極小期と現在では、地球全体の人口がまったく違うことを考慮に入れると、今度同様の寒冷化による不作が起こったら、どれほどの惨事になるか、考えると恐ろしいことです。

二酸化炭素を出さないようにするのはいいとしても、出たものを元に戻すようにするのは、あるいは愚策かもしれません。二酸化炭素の排出は、人類が人工的に温暖化の状態を作っているともいえますから、それは裏を返せば「寒冷化対策」をしているという見方もできるのです。それを完全に廃してしまうと寒冷化を促進することになります。

とにかく、現状においては、地球の気温変動を正しくシミュレートするのは本当に難しい、ということはお伝えしたいと思います。

私たちは、あらゆるシナリオを念頭に置きつつ、政治家の主張を盲信しないようにしなければならないでしょう。政治家も科学者のいうことを謙虚に聞いてほしいですし、科学者にも利益や空気に誘導されない信念が必要です。

地球の数十億年の歴史の中では、寒冷化も温暖化も、もっと大きい振り幅で起こっています。たとえば、恐竜の時代などは現在よりもずっと暑かったのです。その後、地表の大半が氷に覆われた氷河期がやってきました。これらに比べると、現在の気候変動や温暖化というのはほんのわずかな変動に過ぎません。しかも、この氷河期から縄文時代の変動は人類の記憶には残っていません。気温がデータ化され、記録として残るようになったのは、まだほんの数百年だからです。

最近は大きな災害が起こるたびに、みんな「こんなことは生まれて初めてです」などとインタビューに答え、さも温暖化の影響であるがごとくに話しますが、歴史的に見れば過去に何度も起きていることです。地球の自然を含め、宇宙的な現象を人間のものさしで測るのは無理があるのです。

先述したように、現在は黒点が減少傾向にあります。ダルトン極小期の再来となる確率は約50％といわれており、今後10年から20年ほどで、結果が出ることでしょう。私たちは、もう少し謙虚にデータと向きあい、センセーショナリズムとは距離をおくよう心がけなければなりません。

実学重視のあやうさ

せっかくなので、もうひとつ科学と社会との関わりについての問題を指摘しておきたいと思います。

それは、昨今の学術政策の問題です。日本の学術政策は今、とても偏った方向に進んでいます。基礎科学を後回しにして、すぐ役に立つ科学や物質開発——今でしたら半導体研究や再生医療研究などに予算を集中させています。

確かにすぐに世の中の役に立つ先進科学は重要です。しかし、科学分野で過度に経済性が強調されるとどうなるか。その好例が、ＳＴＡＰ細胞の問題でした。

あの事件は、もちろん研究者個人の倫理観の問題はあるとはいうものの、根本を探れば国の費用対効果を優先する体質にあります。研究者個人より、彼らをデータ捏造するところまで追い込んだ政策にも問題があると私は考えます。

同じ生物分野でも、京大総長だった山極壽一（やまぎわじゅいち）博士がやっておられるような類人猿の生態学などは軽視されがちです。

博士はよく、

「ゴリラの研究なんかに研究費は回ってこないですよ」

と笑っていますが、それは宇宙研究に関しても大差ありません。太陽の研究は温暖化問題にもつながっているはずですが、経済に直結しているわけではありませんから、役に立たない、浮世離れした研究と見なされてしまいます。私も知人に「カスミを食って生きている人は違う」と冗談交じりにいわれます。

お互い状況が似ているため、山極博士と私は大変話が合うというトホホな状況なのですが、しかし、基礎研究は、研究者自身が予想もしなかったことで実社会の役に立つような成果を出すことがあります。宇宙天気予報もその一つだといえるでしょう。兆円単位の損害を食い止める可能性があるのですから。社会が進展して、やっと研究内容が必要とされることもあるのです。

日本の科学、そして学術政策はあまりにも近視眼的になり過ぎています。もっと長い目で、十年、何十年先までを考えて、基礎から人を育てていかなければならないのに、それを怠っているのではないでしょうか。

日本は宇宙開発の分野で欧米から遅れをとっているというわりには、そこに力を入れようとはしません。惑星の研究者など、大学にさえあまりいません。惑星を研究したところで就職先がないというのが大きな理由ですが、国も積極的に立ち入って人を育てようとしてきませんでした。

先ほど言及した日本地球惑星科学連合にしても、最初は学会名に「惑星」は入っていませんでした。ようやく入るようになり、それ自体は非常にいいことだと思います。とはいえ、名前が付いても、実は地球のことしかやっていない研究室も多く、やはり全体としてはまだまだなのです。

宇宙開発の後発組だった中国やインドが独自技術で月探査をやるようになると、とたんに慌てて、「日本も手を付けなければ」となってきているのですが、土台を作ってきていないから惑星探査に携わることができる人材がいません。それが日本の現状です。いざというときに「人材がいません」となるのは、育ててきていないから当たり前です。

２０１４年には御嶽山噴火が起きましたが、このとき火山研究者が非常に少ないことが明るみに出ました。振り返っても１９８６年の三原山、91年の雲仙普賢岳、少し前にも箱根など、いたるところで噴火が起きているにもかかわらず、予算もあまりついていませんでした。当然、研究者も少なく、仮に博士号をとっても就職先も少ないため、希望する学生も少ない、という悪循環に陥っていました。御嶽山の噴火によって急に予算がつくようになりましたが、人を育てるには時間がかかる、ということを申し添えたいと思います。

こういった状況下で、日本でどのようにして各科学分野の基礎研究を充実させていけばいいのでしょうか。これは、学者や研究者だけでなく、広く国民で共有し、考えていかなければならないことだと思っています。

天文学と軍事

２０２３年度のアカデミー賞を受賞した「オッペンハイマー」という映画をごらんになりましたか。私は2回見て、さらに原作の本も買って読んでいます。物理学の歴史として見ても、そして社会と科学者のかかわりという点から見ても、非常に興味深いものがあり、オッペンハイマーの苦悩は他人事（ひとごと）と思えませんでした。

私は17年から2年間、日本天文学会の会長を務めました。日本天文学会は１９０８年に作られ、１００年以上の歴史をもち、研究者のみならず、アマチュア天文家・天文愛好家など、約３０００人の会員で構成されているユニークな学会です。会長だった2年間でもっとも真剣に取り組んだのが、安全保障研究とのかかわりでした。

発端は同年3月に日本学術会議が「軍事的安全保障研究に関する声明」と題して出した声明です。日本学術会議は研究者の代表２１０人が、研究者の立場から政策への提言などをする国立の機関です。そのなかで学術研究と安全保障のかかわりについてまとめたものが「軍事的安全保障研究に関する声明」でした。

その前段として、防衛装備庁が15年度から開始した「安全保障技術研究推進制度」があ

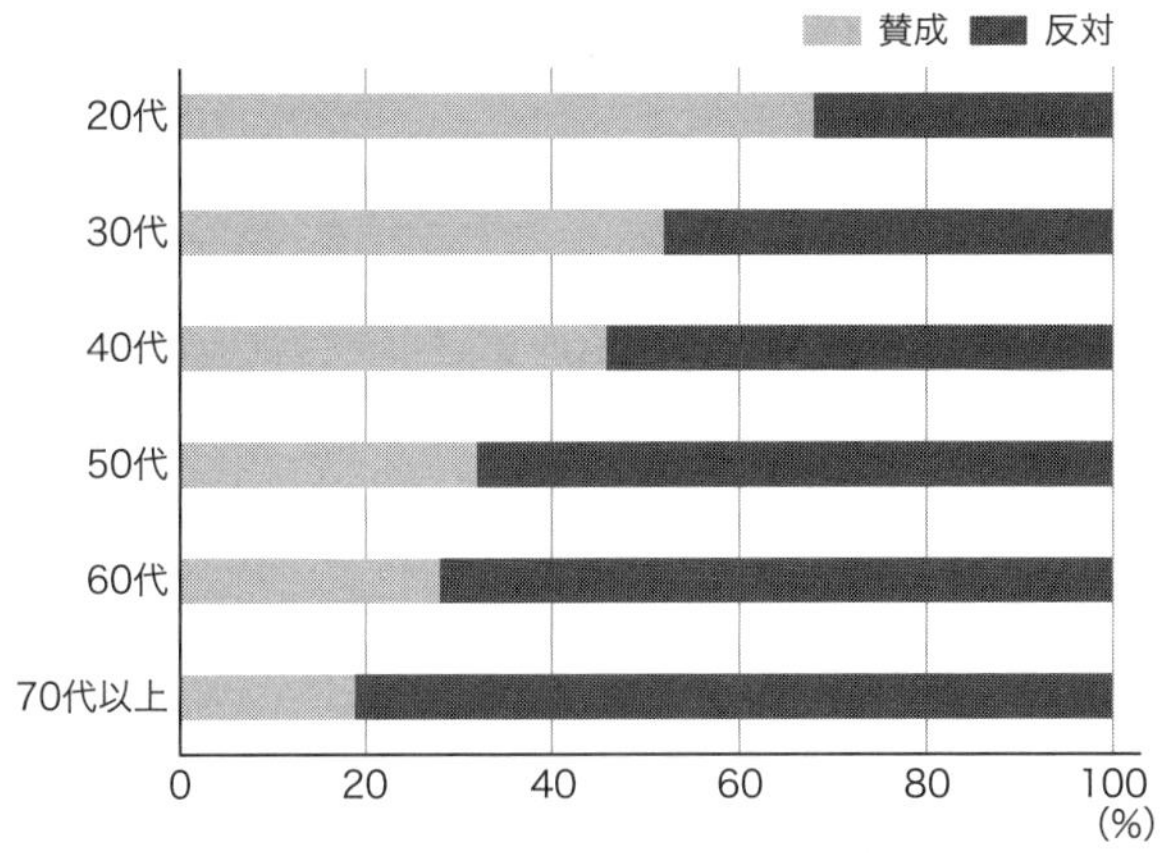

図６‐１　日本天文学会における、防衛装備庁の「安全保障技術研究推進制度」をどう考えるかのアンケート結果

ります。この制度は、安全保障技術に結びつく研究であれば予算を出す、というもので、運営交付金を減らされ続けている大学の研究者にとっては魅力的に映るものでした。一方で、第二次世界大戦を引き合いに出すまでもなく、軍事にも結び付く研究は慎重さが求められます。

日本天文学会としてもこの防衛省の制度をどう考えるか、議論を深めたいと考えました。さっそく、学会に所属する研究者など２８２９人にアンケート調査を行いました。回答者は８３０人、回答率は29％と、普段のアンケート回答率を考えるとむしろよい方でしたが、政治にふれるようなセンシティブな問題であり答えづらかった、という声を後から聞きました。

　ともあれ、防衛省の制度について反対は54％、賛成が46％という結果でした。年代別の結果をご覧ください（図6 - 1）。若い世代ほど賛成が多いという結果に私は少なからずショックを受けましたが、このアンケートでわかったのは、「天文学のほとんどの研究は軍事技術とつながっている」という事実でした。たとえば遠方の星を観測する赤外線天文学は、ミサイルの先端について敵を追尾する装置と同じものです。研究機器の進化はそのまま軍事技術の進化でもあるのです。そもそもガリレオの望遠鏡でさえ、もとは戦争のために作られました。

　天文学のような基礎的な学問ですら、軍事研究とは無縁でいられないのかと身につまされる思いでした。

　アンケートからは研究者たちの悩みも浮かび上がりました。

「こんな研究をしていていいのだろうか」

「軍事研究と結びついてしまうのではないか」

　一方で、

「研究者としてやっていけるポストができるなら問題ない」

「唯一の被爆国ということは（若者にとって）意味がない」という記述もあり、私としては世代間のギャップという言葉では片づけられない隔たりを感じました。

その後、学会の場で学会員同士で何度も議論を深めました。「軍事研究に関する制限をすると研究が制限されかねない。制限は一切いらない」という人もいれば、「今の制限では危うい。もっとしっかり制限をかけるべき」という人もいます。

議論そのものへの批判もありました。「学会は学問の場であり、政治的なことは議論すべきではない」というわけです。実際、我々に近い物理学会は何も発表していません。

私は方々から批判されましたが、とにかく自由に意見を交わしたいと考えました。なぜならほとんどの技術は研究と軍事の両面を併せ持っていて、単純なものではありません。境目は明瞭ではなく、連続スペクトルになっています。常に議論してリスクを減らすしかありません。

学会に取材に来た記者の方には「天文学会はこんなに自由に議論できる場なんですね、驚きました」といわれ、逆に「ほかはこういうふうに自由に議論できない場になっているの？」と驚きました。大学でも相手が若い学生であろうが構わず議論していたので、私には何の違和感もありませんでした。京都大学の風土なのか、私が特殊なのかわかりません。

2年間の議論を経て、天文学会として声明を出すか出さないか、採決することにしました。私たちが考えた声明を出すことに対して賛成が投票した人の3分の2以上なら採択されます。実際採決したら……ぴったり3分の2でした。

私としてはその声明はかなりふんわりした文章になってしまったように思うのですが、それでもこれを発表できたことは一つの成果といえると思います（図6 - 2）。

NHKなど国内のメディアのみならず、「Nature」でも天文学会の議論が取り上げられました。世界的なメディアが注目してくれたのだと感動し、がんばって議論していかないといけないと感じました。

ちなみにこの議論の間、一度だけ政府から学会に電話が来たそうです。事務局の人がとってくれて私は直接話しませんでした。その後は何もなかったので、何の用事だったのかはわかりません。

HPにはこのときに発表した声明や議論の議事録が掲出してあります。私たちが真剣に話し合った記録をぜひご覧いただけたらと思います。

天文学と安全保障との関わりについて

日本天文学会
2019年3月15日

声明

・日本天文学会は、宇宙・天文に関する真理の探究を目的として設立されたものであり、人類の安全や平和を脅かすことにつながる研究や活動は行わない。
・日本天文学会は、科学に携わる者としての社会的責任を自覚し、天文学の研究・教育・普及、さらには国際共同研究・交流などを通じて、人類の安全や平和に貢献する。

図6-2　ぴったり3分の2の賛成で採択されることになった日本天文学会の声明（*）

そんなこともあって、「オッペンハイマー」という映画には非常に興味を覚えたのでした。

オッペンハイマーは研究者としても優れた業績を残しています。彼は白色矮星が壊れてブラックホールになる前の中性子星という状態に限界質量（質量の上限のこと）がある、ということを証明しました。オッペンハイマーは1967年に亡くなりましたが、もし長生きしていたら白色矮星の限界質量を理論的に導いたチャンドラセカールと共に83年にノーベル賞をもらっていたかもしれません。

オッペンハイマーの映画を見ながら

（*）https://www.asj.or.jp/jp/activities/anzen-hosyo/

感じたのは、軍事に結びつく技術を開発してしまったときにどうするのか、ということでした。

研究したい、という気持ちを抑えることはできません。しかし、たとえばもし原爆を作っていて、途中で人類を滅ぼすほどの技術だ、とわかったのなら作る必要はないと思います。今ならコンピュータでシミュレーションできます。実際に原爆を作るとなると材料も必要だしそのための施設も必要になります。実際に作る必要はないのではないでしょうか。作れるかどうかを考えることまでは禁止できません。作れる可能性があることをわかった上で、作ってはいけないんだということを共通認識とするのは大切です。

天文学会の議論で「会長がやっている分野は軍事研究じゃないのか」ともいわれました。たしかに宇宙天気などは軍事とも直結します。ですが、私は研究者である前に一人の人間です。人類の平和のために考え続けたいと思っています。

人類の安全保障

私の敬愛する宇宙物理学者に英国ケンブリッジ大学のマーティン・リース博士がいます。銀河形成や銀河中心の巨大ブラックホールの理論で先駆的な業績を挙げた世界的な宇宙物理学者です。彼は同僚の故ホーキング博士たちと共に、２０１２年、ＣＳＥＲ（生存リスク研究センター）という一風変わった名前の研究センターを立ち上げました。目的は人類の絶滅リスクを研究することでです。いわば人類全体の安全保障が研究テーマであるといっていいいかと思います。

ちょうどそのころ、私たち京大花山天文台の研究グループは、太陽とよく似た恒星の観測から、太陽でスーパーフレアが起きる可能性が否定できないことを発見し、もし起きれば人類全体にとって大災害となることに気が付きました。

また、最新天文観測からは地球に接近する天体が続々と発見され、小惑星の地球衝突という宇宙由来の大災害の可能性が次第に明らかになってきています。

そういうことがあったので、天文学ではスーパーヒーローともいえるリース先生が立ち上げたＣＳＥＲの設立に共感を覚えたのでした。

では、具体的にどんなことを実際に研究しようとしているのでしょうか。調べてみて、私はたいそう驚きました。

というのは、宇宙由来の災害や、地球起源の自然災害（地震、火山、台風など）、地球温暖化、核戦争の脅威などだけでなく、人間が引き起こすテロにも大きく注目していたからです。とりわけ強調されていたのは、人工知能、生物兵器、化学兵器、ナノマシン、などの脅威です。

「現代は、数人のテロリストが最先端技術を用いて全人類を滅ぼすことが可能な時代となっている。人類は今後１００年間生き残れるかどうかわからない」というメッセージはショッキングでした〈基本的な問題意識は、リース博士の著書『今世紀で人類は終わる？』〈草思社、２００７〉にもあります〉。

人類の長い歴史の中で、これまで様々な自然災害や戦争・侵略などの人為的災害がありましたが、人類全体にとっての脅威というのは、20世紀の半ばの核兵器の開発まではありませんでした。現在は、地球全体で核戦争をいかに回避するか、というのが重要な課題となっているのですがが、リース博士はそれに加え、あるいはそれ以上に恐ろしいのが、上記の最先端技術だというのです。

現代は、数人のテロリストが最強の毒をもつウイルスや細菌を人工的に合成して世界にばらまこうと思ったら、それが簡単にできてしまう状況にあります。そんなに予算もいらず、専門知識と大学にあるような実験室を用いるだけで、できてしまうのです。なんと恐ろしい時代になったものでしょうか。

コロナ禍のきっかけは、真偽は不明ですが、生物兵器研究ではないかと疑われるゆえんです。

リース博士は、こういう現代ならではの人類全体の危機を乗り越えるには、国家の安全保障という考え方だけでは到底対処できない、といいます。これは現在すでに我々が日々実感していることでありますね。

人類全体の安全保障を考える体制を早急に整備すべきだと私は考えます。

それに関連して一つ怖い話があります。

第五章で紹介したように、生命生存可能な惑星については現代天文学の最重要テーマの一つであり、ドレイク方程式を真剣に「科学的」に検討する時代となりました。これは国立天文台第三代の台長を務めた故海部宣男（かいふのりお）博士が生前、強調されていたことでもあります。

海部博士によると、現在世界で建設が進められているＳＫＡという超巨大電波望遠鏡が完成すると、もし文明の寿命が1万年程度あれば、30年以内に銀河系内から地球外知的生命（すなわち宇宙人）が発した電波を受信できるようになる、といいます。仮に見つからなくても、科学にはなる、と付け加えました。つまり見つからなければ、平均的な惑星上の文明の寿命は1万年以下と制限づけることができる、というわけです。

これはある意味、怖い話ではないでしょうか。宇宙観測から、近い将来における地球文明の滅亡が予言されるかのような話だからです。そしてそれは、先に記したリース博士の心配、「地球の人類は今後100年間自滅せずに生存し続けられるかどうか心配」という話とつながっています。

宇宙人問題は地球人の問題でもあるのです。

私が太陽研究をする理由

最後に、宇宙物理学者の一人として、私と天文学の出会いについて少しだけお話ししておきたいと思います。

太陽の研究などしていると、たびたびこう聞かれることがあります。

やはり子どものころから天文少年だったのですか、と。

「子どものころから興味津々でしたよ！」と答えられたらいいのかもしれませんが、実際にはそういうわけでもありません。

小学校に入る前から自分がどうして生まれたのだろうかとか、なぜここにいるのだろうかというようなことばかり考えていましたが、それがすぐ宇宙に直結していたわけではありません。宇宙や宇宙人には興味がありましたが、テレビの鉄腕アトム、七色仮面、少年ジェットなどなど、SF的なヒーローものの番組が好きでした。ただ私があこがれたのは、ヒーローよりも、横っちょに出てくる「博士」たちの方でした。アトムの生みの親の天馬博士や、保護者であるお茶の水博士。なんだかかっこいいなあと思ったのです。

小学校のころは蝶々捕りに熱中したり、漢字を研究したいと思ったり、地図学者になりたいと思ったり……移り気に夢見ていたものでした。

ところが、5年生を過ぎたころから宇宙への関心が高まってきました。高学年になり、自分の誕生の謎を追究していくと、宇宙に行きつくことがわかってきたのです。

こうした時期を経て、人によっては哲学に興味を持ったり、文学に自分の気持ちをぶつけたりするのでしょうが、私の場合、思考の先に行きついたのが「宇宙」でした。宇宙を知れば疑問が解けるのではないかと思ったのです。

そして、中学校一年のときに大きな出会いを経験します。学校の図書室でガモフ全集を見つけたのです。

ガモフ全集とは、理論物理学者のジョージ・ガモフが、子ども向けに宇宙論をやさしく説いた書籍の全集で、その中には当時は最新のトピックだったビッグバン理論を解説したものもありました。提唱者が自らの説を子どもたちに向け、噛み砕いて説明したわけです。これを読んでいたく感銘を受けた私は、宇宙物理学者になりたいと思うようになったのです。

夢で数式の答えが見つかる！

そういうわけで、大学に入ってからは宇宙物理学者を目ざして勉強を始めたのですが、このころになると夢は「ノーベル賞をもらいたい」に変わっていました。どうしたらもらえるのかを考えた結果、銀河の中心の大爆発の謎を解明したらノーベル賞をもらえるのではないかな、と思ったのです。

1960年代に100億光年のかなたにある謎の天体クェーサーが発見されました。100億年も遠方にあるのに、100光年くらいの近くの恒星と同じくらいの明るさなのです。それは極めて明るいことを意味します。

つまり、距離が1億倍も遠いのに同じ明るさに見えるということは、クェーサーは恒星の1億×1億倍も明るいということであり、それだけ膨大なエネルギーを放出している大爆発ということなのです。クェーサーはビッグバン以来の最大の爆発だったのです。

ちょうど私が大学に入った１９７３年ごろ、クェーサーは遠方の活動的な銀河の中心核であることがわかってきました。

１００億光年の彼方にある、とんでもない規模の爆発を起こしている天体。これを観測で解明しようと思ったら、相当巨大な望遠鏡が必要です。おそらく私が生きているうちに観測で解明するのは無理でしょう。それならば、理論的に解明してやろう、と考えたのです。しかし理論で解明するには、手がかりとなる観測データが必要です。

一体なにが参考になるだろうかと考えたところ、身近な太陽に、規模は小さいけれどもよく似た爆発があることに気づきました。

太陽フレアです。爆発の明るさの時間変化の形が大変よく似ていたのです。ここに至って、私はようやく太陽にたどり着きました。京大には飛騨天文台があって、太陽の観測を積極的に行っていましたので好都合です。

フレアの研究をするならば、磁場を取り扱う電磁流体力学を学ばなくてはなりません。なぜならこれまでに紹介してきたように、フレアは黒点に蓄えられた磁場のエネルギーの解放によって起きるからです。

大学院に入ると太陽観測のゼミの川口市郎（かわぐちいちろう）教授から、

「太陽の電磁流体力学は重要だ！　数値シミュレーションはものすごく難しいから院生はみんな嫌がってやらない。けれど君は優秀だからきっとできる！」

などと小一時間も力説され、私もだんだん乗せられて「わかりました、じゃあやります！」と決断しました。教授は大変喜んでくださいました。

でも、最後にポロッとひと言「まあ、私は指導できないけどね」。

教授も電磁流体数値シミュレーションなどまったくの門外漢で、指導のしようがなかったのです。

私は、一瞬「え？」という気分になりましたが、やるといったからには仕方がないので、

「わかりました、一人で勉強します」

と、独学で電磁流体数値シミュレーションの勉強を始めました。

それまでコンピューターにはまったく興味はなかったのですが、2週間ぐらいプログラミング言語であるフォートランを勉強したら、だいたいわかるようになってきました。

ならば、次はシミュレーションのプログラムを作るための数学です。クーラントとヒルベルトの有名な教科書『数理物理学の方法』の原書の第二巻を夏休み1か月かけて読みました。結果、なんとか9月にはプログラムを作れるところまでたどり着きました。

ところが、ここから先がまた大変でした。当時のプログラミングは、手で書いて、カードに写す（パンチする）という作業がありました。そのカードをコンピューターに読み込ませ、初めてプログラムが走るのです。デバッグ（ミスの発見）を含め、試行錯誤を続け、結局プログラムが動き出したのは12月になってからのことでした。

当時、なにがつらかったといえば、デバッグをやって、エラーを次々と潰していって、エラーメッセージはまったく出てこなくなったのに、なぜかプログラムが動かないという膠着状態に陥ったことでした。

私はコンピューターが壊れているに違いないと思い、同じプログラムを10回くらい流したのです。なのにいつも同じ結果しか出ません。当たり前ですが。

もう、万策尽きたと途方に暮れていた、そんなときでした。夢で、間違いに気づいたのです。夢の中でも延々デバッグをしていた私は、「1」と書くべきところが「—」になっているのに気づきました。当時の計算機はそういう間違いに対してメッセージは出してくれなかったので、それまでまったく気づいていませんでした。

私は「これだ！」と思い、翌日、その箇所を直してプログラムを流しました。すると、動いたのです。

研究者人生で一番感動したことといえば、その瞬間だったと今も思います。ただ、それをいってもメディアの人は書いてくれませんが。ぜんぜん物語にならないようです。でも世界を変えるような素晴らしい発見だけではなく、こういう小さな成功、発見は日々の研究の原動力ですし、自信にもなるのです。

すべてつながっている

大学院博士2年の終わりに愛知教育大学に就職し、91年から東京三鷹(みたか)の国立天文台に移りました。そこで担当したのが、太陽観測衛星「ようこう」の運用の責任者でした。今までぜんぜんやったことのない宇宙観測の責任者を一人でやることになってしまったのです。

それまで理論シミュレーションをやっていたのに、いきなり太陽の映像を見ることが仕事になってしまったのですから、大いに戸惑いましたが、すぐに気持ちは切り替わりました。「ようこう」衛星のデータがとにかく素晴らしかった、おもしろかったのです。送られてきたデータを元に、動画を作ると本当にいろいろなことがわかります。

私はすぐに夢中になりました。データを見て、そこからなにか発見することは、私にとっては、子どものころに大好きだった地図を見ていろいろ想像するのと同じことでした。

人が気付かないことに一人だけ気付くこともよくありました。

結局、すべてはつながっていたのです。

「ようこう」衛星、そして「ひので」衛星は実に多彩な太陽の姿を見せてくれました。今、日本は太陽研究で世界の最先端を走っていますし、微力ながら私もその一端を担っているという自負はあります。

今は研究以外にやらなければならないことが山のようにあって、本書でも記してきたように研究と並行しながら、岡山天文台の開設や花山天文台の継続に奔走してきました。目の回りそうな日々を過ごしていますが、それでもやはり太陽の観測データを見ると心からワクワクします。そして、その中からどうやって「世界ではじめて」を見つけてやろうかと考えます。

研究者としてはいくつかの賞をいただいたのですが、19年9月に私はチャンドラセカール賞受賞という栄誉に浴しました。チャンドラセカール賞は、プラズマ物理学の顕著な進歩に貢献した研究者に授与されるもの。受賞理由は、「太陽及び宇宙磁気流体力学における先駆的かつ独創的な貢献」とのことです。大変感激しました。

１９１０年生まれのインド人であるチャンドラセカールは、21歳のころに以後の物理学会に燦然（さんぜん）と輝く論文を発表します。

恒星は終焉（しゅうえん）を迎える前、白色矮星という非常に重い星になりますが、その星の質量に上限があることを理論的に証明したのです。以後、ブラックホールの研究などに多大な影響を及ぼしました。

しかし彼の論文はすぐには受け入れられませんでした。師匠だったエディントンは、この発見がブラックホールの存在を予言するものであることを見抜き、「こんな異常な天体は宇宙に存在してはならない」という理由から、英国天文学会におけるチャンドラセカールの発表直後の講演で彼の理論を即座に否定しました。チャンドラセカールの結論は正しかったのですが、天文学の権威エディントンが否定したので当時の英国天文学界はその理論を誰も信用しませんでした。

失意のまま彼はアメリカに移住し、別の研究をせざるをえませんでした。研究分野も星の内部構造の研究から、まったく異なる分野（放射輸送、プラズマ物理学、流体力学・電磁流体力学安定性など）に変えてしまいました。変えざるを得なかった、という方が正確かもしれません。

そうした逆境にありながらも、チャンドラセカールはプラズマ物理学分野においてもパイオニアの一人と見なされるようになり、今回の賞の名前に採用されることになったわけですから、歴史とは皮肉なものです。

20代の彼が理論を発表してから50年も経った１９８３年、彼の論文が正しかったことがようやく世界の物理学会で認められ、この年にノーベル賞を受賞しました。

私が思い出深いのは、チャンドラセカールの研究人生が１９９２年31号（7月20日号）の「週刊少年ジャンプ」にマンガで載っていたことです。このまんが（次原隆二作「0の宇宙　ブラックホールの誕生を予言した男」）は日本のマンガのレベルがいかに高いかを示す良い例だと思います。今でも私はこの号を大切に保管していて、京大に来た外国人の天文学者、宇宙物理学者の友人知人には必ず見せることにしています。みんな、感嘆してくれます。

私にとっては40年ほど前の学生時代からスーパーヒーローともいえる憧れの宇宙物理学者です。そういう研究者の名前がついた賞をいただけるというのは、本当にうれしく光栄なことです。

読者のみなさんも、太陽や宇宙の最新観測データを見ると、きっと胸躍ることでしょう。

それに「世界ではじめて」を見つけるのは、なにもプロの研究者だけに許されたことではありません。新しい星を発見したアマチュア天文家はいくらでもいます。天文学は、自然科学の中でもプロとアマチュアの垣根がとりわけ低い分野ですし、日本のアマチュア天文学は世界でもトップレベルの実力を誇っています。

星空には「世界ではじめて」を手にするチャンスが、まだまだあるのです。

おわりに

宇宙の旅はいかがでしたか。私たちの身近な太陽、月から始まり、兄弟である太陽系の惑星たち、そして地球外生命体との遭遇……はかないませんでしたが、楽しんでいただけましたでしょうか。

本文の中にも書きましたが、私は小さなころから「人はなぜここにいるんだろう？」「どこから来てどこにいくのだろう」ということばかり考えていました。そのときの思いはもちろん今もあり、少しでも解明できたらと研究しています。

研究のほかにも学生への授業、論文の指導、国内外の学会への参加、また文章の中でも紹介しましたが、花山宇宙科学館の実現に向けての相談や調整、岡山に建設する国内最大の3・8m望遠鏡建設に向けてのやりとり、アーティスト喜多郎さんとのコラボ企画など、あわただしくも充実した日々を過ごさせてもらっています。

本書の始まりは2013年7月にさかのぼります。角川学芸出版の堀由紀子さんが私の著書の一つを文庫化したい、ということで連絡をして来られたのです。より多くの読者に届く可能性が増えるのでこれは良い話だと、二つ返事でＯＫしました。ところが、残念ながら元々の出版社の同意が得られませんでした。堀さんはそれでもあきらめず、それなら新しい本を作りましょうと私に働きかけて来られました。その熱意に負け、ついに本作りに同意してしまいました。２０１４年９月のことです。

堀さんは超多忙な私の状況を理解してくださり、門賀美央子さんという優れたライターさんを仲間に引き込み、本作りの共同作業が始まりました。こうしてついに完成したのが本書です。私のわがままもかなり聞いていただきました。これまでに私が世に出した本とはちょっと異なる、個人のエピソードなども差し込まれた、「柴田語録」満載の本ができました。お二人には心よりお礼申し上げたいと思います。

最後に、本書の元となる講義や講演を聞いて貴重なコメントや感想をくださった多くの方々、画像やグラフ、イラスト作成にご協力いただいたみなさまに感謝申し上げます。

２０１５年12月17日

柴田一成

新書版あとがき

『とんでもなくおもしろい宇宙』は幸い読者の方々から、読みやすくてわかりやすいと好意的な感想を多数いただきました。これは以前のあとがきにも書きましたように堀由紀子さんはじめとする編集部のみなさんの献身的なご協力のおかげです。新書版作成にあたっても、再び驚くべき熱心さで進めてくださり、あっというまにここまで来ました。

さて、単行本の出版から8年たちましたが、その間、私の周辺で重大な事柄がいくつも起きました。

まず本書で記した通り2018年4月に3・8mせいめい望遠鏡を有する岡山天文台が開設され、望遠鏡も同年7月に完成、19年からは定常観測が始まりました。

これは私が台長になったとき（04年）からの私の最大の責任ミッションでしたから、大変よかったのですが、その反面、花山天文台の毎年の運営費1000万円をすべて岡山天文台に回さないといけなくなりました。これは京都大学および文部科学省との約束でした。

国家予算の借金が膨れ上がり、国立大学の予算がどんどん減少している現在、新しい天文台を開設するには、古い天文台を閉鎖して予算を工面すべき（いわゆるスクラップアンドビルド政策）というわけです。

花山天文台が古いだけで価値のない天文台なら仕方ないのですが、花山天文台は「アマチュア天文学の発祥の地」といわれる貴重な歴史がある上に、建物は昭和初期の貴重な建築、望遠鏡は古いとはいえかつて世界の第一線で活躍して現在でも使用できるもので、教育普及のためであれば世界的なお宝であることが判明しています。しかも、天文台周辺の市民のみなさんが、寄附を集めて市民の力で残して行きましょうと応援してくださるようになったのです。

そんなこともあり、19年に花山宇宙文化財団ができました。本文中にも書きましたように、株式会社タダノ社の元社長、多田野宏一さんのご支援をうけ、元京大総長の尾池和夫先生が初代理事長を務めてくださいました。

財団の支援で、20年3月末に私が京大を定年退職したときも、花山天文台は閉鎖を免れ、コロナ禍で見学会観望会を開けない時期が2年ほど続きましたが、現在は毎週土日に一般市民向けに見学会を開催することができています。21年からは私が2代目の理事長を務めています。

さてここからが重要です。タダノ社の支援は今のところ10年間という約束になっており、その期限は28年、４年後に迫っているのです。今のうちに29年以後も10年、20年と存続運営できる寄附金を集めて基金を作っておかねばなりません。

そうしたこともあって、24年４月から法人賛助会員制度を新しくスタートすることにしました。多くの企業が参加しやすいように、一口５万円（ブロンズ会員）から最大１００万円（ダイヤモンド会員）に至るまで５段階の法人賛助会員制度のしくみを作りました。本書を読まれた読者のみなさんはぜひ、この話を周辺の企業の経営者の方々に伝えていただければ幸いです（もちろん、賛助会員は個人会員でも大歓迎です）。

私の寿命がいつつきるかわかりませんが、次世代育成の場としての花山天文台を末永く残していくため、命が続く限りは寄付金集めに奔走したいと思っています。本書で詳しく解説した宇宙天気予報を体験的に学べる場としては花山天文台は世界最高の天文台です。それで最近は、花山天文台にプラネタリウム付の宇宙科学館を作る際、科学館を「宇宙天気ミュージアム」とすれば、世界初の宇宙天気科学館として世界的な名所になるのではないかと考えています。

ぜひこのような将来構想に応援いただければ幸いです。

最後に、これまで花山天文台をご支援くださった皆さま方、本書をここまで読んでいただいた皆さま方に深く感謝いたします。

2024年6月8日

柴田一成

参考文献

・『太陽の科学 磁場から宇宙の謎に迫る』柴田一成 NHKブックス 2010年
・『最新画像で見る太陽』柴田一成、大山真満、浅井歩、磯部洋明 ナノオプトニクス・エナジー出版局 2011年
・『太陽 大異変 スーパーフレアが地球を襲う日』柴田一成 朝日新書 2013年
・『太陽大図鑑』クリストファー・クーパー、柴田一成（監修） 緑書房 2015年
・『気候変動の真実』スティーブン・E・クーニン、三木俊哉（訳）、杉山大志（解説） 日経BP 2022年
・『シリーズ 宇宙総合学』1〜4巻 柴田一成、磯部洋明、浅井歩、玉澤春史（編） 朝倉書店 2019年
・『病気にならないための 時間医学』大塚邦明 ミシマ社 2007年
・『〝不機嫌な〟太陽 気候変動のもうひとつのシナリオ』H・スベンスマルク、N・コールダー（著） 桜井邦朋（監修） 青山洋（訳） 恒星社厚生閣 2010年
・『太陽と地球の不思議な関係』上出洋介 講談社ブルーバックス 2011年
・『地球温暖化「CO_2犯人説」の大嘘』丸山茂徳ほか 宝島新書 2023年

・『太陽の科学が予告する　二〇四〇年寒冷化　脱炭素キャンペーンの根拠を問う』深井有　学術研究出版　２０２４年
・宇宙天気基礎講座　http://www.kwasan.kyoto/uchutenki2024.html
・金曜天文講話　http://www.kwasan.kyoto/friday2024.html
・花山天文台土日公開　https://www.kwasan.kyoto-u.ac.jp/open/kwasan/donichi.html
・花山天文台星空観望会　https://www.kwasan.kyoto-u.ac.jp/open/kwasan/hosizora.html
・花山宇宙文化財団　http://www.kwasan.kyoto/index.html
・ＮＰＯ花山星空ネットワーク　https://www.kwasan.kyoto-u.ac.jp/hosizora/
・京都大学大学院理学研究科附属天文台　https://www.kwasan.kyoto-u.ac.jp/
・柴田一成のＨＰ　https://www.kwasan.kyoto-u.ac.jp/~shibata/
・柴田一成のツイッター（Ｘ）https://twitter.com/cosmic_jet
ＤＶＤ「古事記と宇宙」柴田一成（企画・監修）、喜多郎（音楽）　ＤＩＡＡ　２０１５年

本書は2016年1月に弊社より刊行した『とんでもなくおもしろい宇宙』を改題のうえ、この間の研究の進展を反映させ、加筆・修正したものです。

イラスト　ねもときょうこ　／　図版作成　小林美和子

柴田一成（しばた・かずなり）
1954年、大阪府生まれ。京都大学名誉教授、同志社大学特別客員教授、花山宇宙文化財団理事長。京都大学理学部卒業、同大学大学院理学研究科博士後期課程宇宙物理学専攻中退。理学博士。国立天文台助教授などを経て、99年より京都大学教授に。2004〜19年、同大学大学院附属天文台（花山、飛驒）の台長も務めた。17〜19年、日本天文学会会長。19年「太陽及び宇宙磁気流体力学における先駆的かつ独創的な貢献」に関してチャンドラセカール賞を受賞、20年アメリカ天文学会よりヘール賞を受賞。研究と並行して行っている花山天文台の存続活動や市民へのアウトリーチ活動などに対し、21年京都新聞大賞が贈られた。10年、初の単著『太陽の科学』（NHKブックス）で講談社科学出版賞受賞。著書はほかに『太陽 大異変』（朝日新書）などがある。

太陽の脅威と人類の未来

柴田一成

2024年 7月 10日　初版発行

発行者　山下直久
発　行　株式会社KADOKAWA
〒102-8177　東京都千代田区富士見2-13-3
電話　0570-002-301（ナビダイヤル）

装 丁 者　緒方修一（ラーフイン・ワークショップ）
ロゴデザイン　good design company
オビデザイン　Zapp!　白金正之
印 刷 所　株式会社暁印刷
製 本 所　本間製本株式会社

角川新書
© Kazunari Shibata 2024 Printed in Japan　ISBN978-4-04-082497-0 C0244